제2판

NUMERICAL ANALYSIS WITH **MATLAB**

MATLAB과 수치해석

안병권 지음

KM 경문사

MATLAB과 수치해석 제2판

지은이 안병권
펴낸이 조경희
펴낸곳 경문사
펴낸날 2025년 1월 15일 2판 2쇄
등 록 1979년 11월 9일 제1979-000023호
주 소 04057, 서울특별시 마포구 와우산로 174
전 화 (02)332-2004 팩스 (02)336-5193
이메일 kyungmoon@kyungmoon.com

값 28,000원

ISBN 979-11-6073-751-6

머리말

수치해석이란 해석학적 문제의 정량적 해를 수치적 계산을 통해 구하는 알고리즘을 연구하는 학문이다. 모든 학문이 그렇듯 수치해석도 인류 역사와 함께 발전해 왔으며, 현재 우리가 접하는 모든 공학 및 과학기술은 새로운 문제에 대한 인식과 수치해석적 해결 과정의 산물이라는 것이 필자의 생각이다.

이 교재는 공학을 전공하는 학생들이 한 학기 수업을 통해 배울 수 있는 가장 기초적이며 핵심적인 수치해석법을 집약적으로 다루고 있다. 무엇보다 MATLAB을 사용하여 이론적인 수치해석 알고리즘을 프로그래밍하고, 계산을 수행하여 해를 얻고, 결과를 해석하는 일련의 과정을 실습하는데 도움이 되도록 구성하였다. 부록에는 이 교재에서 다루는 수치해석법의 알고리즘을 구현하는데 필요한 MATLAB의 기초 지식과 프로그래밍 기법을 다루고 있다. MATLAB의 프로그래밍 체계는 우리에게 익숙한 수학 연산기호와 C나 C++ 언어와 유사하게 처리되기 때문에 공학을 전공하는 2, 3학년 수준의 학생들이라면 쉽게 사용할 수 있고, 프로그래밍 기능뿐만 아니라 계산 및 분석 결과를 쉽게 가시화할 수 있는 강력한 그래픽 기능을 통합적으로 갖추고 있어 수치해석을 공부하는데 매우 유용한 프로그래밍 수단이다. 또한 데이터 분석, 신호 및 데이터 처리, 통신, 화상처리, 제어와 같은 다양한 분야에서 널리 사용되고 있어 공학을 전공하는 학생들에게는 필수적인 소프트웨어이다.

이 교재를 통해 수치해석을 처음 접하는 학생들에게 공학 문제의 수치적 해결과정을 쉽게 이해하는데 도움이 되길 희망한다.

2024년 11월

저자 안병권
케임브리지대학교 공학박사
충남대학교 교수
https://sites.google.com/view/cnufincl

목 차

제 4 장 • 선형 및 비선형 회귀분석

제 5 장 • 보간법과 스플라인

제 6 장 • 수치적분

제 7 장 • 수치미분과 상미분방정식의 해법

제 8 장 • 수치해석 프로그래밍

제 1 장

Numerical Analysis with MATLAB

수학적 모델링과 수치해석

Numerical Analysis with MATLAB

1.1 공학문제의 수학적 모델링과 수치해석 과정

1.1.1 보존법칙(conservation laws)

우리는 이미 질량 보존법칙(conservation of mass), 운동량 보존법칙(conservation of momentum) 및 에너지 보존법칙(conservation of energy) 등 자연계를 지배하는 보존법칙들을 잘 알고 있다. 자연계에 존재하는 시스템의 모든 보존량들은 어떤 과정 동안 위에서 기술한 법칙에 의해 평형관계를 이루기 때문에 이러한 보존관계식들은 종종 평형방정식(equation of balance)이라 부르기도 한다. 이 중에 운동량 보존법칙에 대해 살펴보자.

어떤 시스템의 질량과 속도의 곱을 시스템의 선형운동량(linear momentum) 또는 운동량(momentum)이라 한다. 즉, 질량이 m이고 속도가 V인 강체(rigid body)의 운동량은 mV이다. 뉴턴의 제2법칙은 물체의 가속도는 물체에 작용한 모든 힘의 합에 비례하고 물체의 질량에 반비례하며, 물체의 운동량의 변화율은 물체에 작용한 순수 힘의 합과 같다는 것이다.

$$\sum \overline{F} = \frac{d}{dt}(m\overline{V}) = m\bar{a} \tag{1.1}$$

여기서 시스템에 작용하는 순수 힘의 합이 0이면, 시스템의 운동량은 일정하게 유지된다는 것이다. 즉, 이러한 시스템의 운동량은 보존된다는 의미에서 이를 운동량 보존의 법칙(conservation of momentum principle)이라 한다. 이제 운동량 보존법칙에 의거하여 시스템에 작용하는 힘과 운동의 역학적 관계를 이해해 보자.

1.1.2 수학적 모델링(mathematical modeling)

우리는 공학적으로 관심이 있는 시스템에 대해 실험적 또는 해석적(수치적 방법을 포함한) 접근방법을 통해 그 특성을 이해하고 있다. 실험적 접근법은 실제의 물리적 시스템을 다루는 장점이 있지만 많은 경우 비용과 시간이 많이 투여된다. 해석적 접근방법은 상대적으로 빠르고 비용이 적게 든다는 장점이 있지만, 해석과정에서 사용된 가정과 근사 또는 이상화에 따른 정확도에 따라 실용성이 결정된다. 실제 많은 공학적 문제해결에 있어 해석적 접근방법을 통해 시스템의 특성을 이해할 수 있는 경우의 수를 파악하고 실험적 접근방법을 통해 이를 검증하는 절차를 사용하고 있다.

대부분의 공학적 문제들은 그 현상을 지배하는 자연법칙에 의거하여 다수의 핵심 변수들 및 그 변수들의 변화율이 관계된 방정식으로 모델링할 수 있다. 이때 변화하는 변수들의 미소증분(difference)이 작을수록 보다 정확하게 모사된다고 할 수 있다. 물론 모든 변수가 합리적으로 확인되고, 자연법칙에 근거하여 합당한 가정과 근사가 설정되어야만 한다. 또한 자연계에서 발생하는 모든 문제들은 앞서 설명한 바와 같이 가시적 또는 비가시적인 법칙들에 의해 지배되고 있기 때문에 많은 과학자들에 의해 잘 정의된 지배법칙에 의거하여 문제와 관련된 변수 및 변수들의 변화율의 관계식을 설정한다. 이때 변수의 미소증분은 극한의 개념이 도입된 도함수(derivative)로 나타냄으로써 결국 시스템에 대한 수학적 모델링 즉, 지배방정식(governing equation)은 많은 경우 미분방정식(differential equation)의 형태로 표현된다. 물리적으로 적합한 가정을 적절히 사용하고 변수들의 정확한 관계식에 근거하여 잘 정의된 모델링과 이를 수치적으로 해석하여 얻은 결과를 통해 실제 현상을 실험적으로 재현하지 않고도 상대적으로 적은 비용 및 시간을 들여 이해할 수 있는 것이다.

이미 공학수학 과목을 통해 공부한 바와 같이 상미분방정식(Ordinary Differential Equation, ODE)이란 독립변수(independent variable)가 하나인 종속변수(dependent variable)의 한 개 또는 그 이상의 도함수를 포함하는 방정식을 의미한다. 그 방정식은 주어진 함수와 상수뿐만 아니라 종속변수 자신을 포함할 수도 있다. 예를 들어,

$$
y = f(t) \qquad
\begin{aligned}
& y' = t \\
& y' = (y + ct)^2 \\
& y'' + y = 0 \\
& y'' + c_1 y'^2 = c_2 \\
& t^2 y''' + 2y'' = (x^2 + e^x) y
\end{aligned}
\tag{1.2}
$$

등은 상미분방정식에 속한다.

상미분방정식과 구분하여 정의하는 편미분방정식(Partial Differential Equation, PDE)이란 하나 이상의 독립변수를 가지는 종속변수의 도함수를 포함하는 방정식을 말한다. 아래 식 (1.3)은 가장 대표적인 편미분방정식으로 첫 번째 식은 2차원 라플라스방정식(Laplace equation)이며, 두 번째 식은 2차원 파동방정식(wave equation)이다.

$$\begin{aligned} &u = f(x, y) \ : \ \frac{\partial^2 u}{\partial x^2} + \frac{\partial^2 u}{\partial y^2} = 0 \\ &u = f(x, y, t) \ : \ u_{tt} = c^2(u_{xx} - 2u_{xy} + u_{yy}) \end{aligned} \tag{1.3}$$

결국 많은 경우 우리가 관심이 있는 물리적 시스템을 수학적으로 이해하고 해석한다는 것은 지배방정식을 모델링하고 그 해를 구하는 문제로 귀결된다. 수학적 모델링은 단순한 대수 관계식에서부터 매우 복잡한 연립 미분방정식에 이르기까지 매우 다양하다. 미분방정식의 경우 그 해는 미적분학을 이용하여 해석해(analytical solution) 또는 엄밀해(exact solution)를 구할 수 있으나, 실제 엄밀해를 얻을 수 있는 수학적 모델은 극히 제한적이다. 따라서 이와 같은 경우 그 대안으로 엄밀해에 근사하는 수치해(numerical solution) 또는 근사해(approximated solution)를 얻고 이를 적용하여 시스템을 분석하고 예측하는 일련의 전체 과정을 수치해석(numerical analysis)이라 규정할 수 있다.

실제 많은 공학자들은 어떤 문제의 해결과정에서 정확하지만 복잡한 모델과 단순하지만 정교하지 못한 모델링 사이에서 갈등하는 경우가 있다. 이때 공학적으로 올바른 선택은 만족할 수 있는 결과를 주는 가장 단순한 모델, 즉 가장 효율적인 모델을 택하는 것이다.

본격적으로 수치해석적 접근방법에 대해 논의하기에 전에 고전적으로 관심의 대상이었던 자유 낙하하는 물체에 작용하는 속도, 가속도와 힘과의 관계를 자연법칙에 근거한 수학적 모델링을 통해 지배방정식을 유도하고 수치적으로 해를 구하여 그 시스템의 특성에 대해 이해하는 전 과정을 살펴보자.

갈릴레오 갈릴레이(Galileo Galilei, 1564~1642)

이탈리아에서 태어난 철학자이자, 물리학자, 천문학자로 초기 과학혁명의 주도자였다. 그는 처음으로 수학과 이론물리학 그리고 실험물리학 사이의 관계를 연결시켜 자연법칙이 수학적임을 명확하게 보여주었다. 이를 기려 훗날 아인슈타인은 그를 현대 과학의 아버지라고까지 칭송하였다. 갈릴레오가 서로 다른 무게의 물건을 동시에 떨어뜨려도 거의 동시에 땅에 도착한다는 원리를 입증했다고 알려졌던 "피사의 사탑 실험"은 근거 없는 통설로 밝혀졌지만, 그가 뉴턴의 운동법칙의 토대가 되는 속도와 가속도의 개념을 확립하여 아리스토텔레스의 생각이 잘못되었음을 입증한 것만은 틀림없는 위대한 사실로 인정받고 있다.

'They were seen to fall evenly.'

그림 1.1 갈릴레오의 자유낙하 실험

앞서 살펴본 선형운동량 보존법칙(Newton의 제2법칙)을 이용하여 자유 낙하하는 물체의 속도를 알아내는 문제에 접근해 보자.

"물체가 가지는 운동량의 시간에 대한 변화는 물체에 작용하는 힘의 합과 같다"는 뉴턴의 제2법칙은 아래와 같이 표현된다.

$$\sum \overline{F} = m\overline{a} \tag{1.4}$$

여기서 F는 물체에 작용하는 힘(또는 N), m은 물체의 질량(kg), 그리고 a는 가속도 (m/s²)이다. 가속도는 물체의 낙하 속도의 시간에 따른 변화율이며, 이 양은 물체에 작용하는 유효힘(net force) 또는 합력(resultant force)이 된다.

$$\frac{dV}{dt} = \frac{\sum \overline{F}}{m} \tag{1.5}$$

만일 이 힘이 양이면 물체는 가속되고, 음이면 감속됨을 의미한다. 또한 유효힘이 0이라면 물체의 속도는 일정하게 유지되는데 이때 물체의 속도를 최종속도(terminal velocity)라 한다. 자유 낙하하는 물체에 작용하는 합력은 중력에 의해 아래로 작용하는 힘 F_G와 공기 저항으로 인해 위로 작용하는 항력 F_D로 구성되어 있다.

$$\sum \overline{F} = \overline{F}_G + \overline{F}_D \tag{1.6}$$

중력의 방향을 양(+)으로 택하면,

$$\overline{F}_G = mg \tag{1.7}$$

여기서 g는 중력상수(9.81m/s²)이다. 이동하는 물체에 작용하는 항력은 유체역학적 지식을 바탕으로 여러 가지 방법으로 표현할 수 있는데, 공기저항은 속도의 제곱에 비례한다는 사실로부터

$$\begin{aligned} C_D &= \frac{\overline{F_D}}{\frac{1}{2}\rho V^2 A} \\ \overline{F}_D &= C_D \frac{1}{2}\rho A V^2 = C_D^* V^2 \end{aligned} \tag{1.8}$$

여기서 C_D는 항력계수(drag coefficient)이다. 따라서 유효 힘은 중력과 항력의 차와 같으며 위 식을 종합하면 아래와 같은 자유낙하 물체의 가속도와 작용하는 힘, 그리고 운동 사이의 관계를 설명하는 수학적 모델링을 얻을 수 있다. 이와 같이 어떤 물리적 시스템의 운동특성을 결정하는 방정식을 지배방정식(governing equation)이라 한다. 식 (1.9)는 자유 낙하하는 물체의 운동에 대한 지배방정식이 된다.

$$m\frac{dV}{dt} = mg - C_D^* V^2 \tag{1.9}$$

위 식 (1.9)는 1계 비선형, 비제차 상미분방정식으로 변수분리를 통해 아래와 같이 일반해(general solution)를 얻을 수 있다.

$$\begin{aligned}
&\frac{m}{mg - C_D^* V^2} dV = dt \\
&\frac{m}{C_D^*}\int \frac{1}{\left(\sqrt{mg/C_D^{*2}}\right)^2 - V^2} dV = \int dt \\
&\sqrt{\frac{m}{C_D^* g}} \tanh^{-1}\sqrt{\frac{C_D^*}{mg}}\, V = t + c^* \\
&V(t) = \sqrt{\frac{mg}{C_D^*}} \tanh\left(\sqrt{\frac{C_D^* g}{m}}\, t + c\right)
\end{aligned} \tag{1.10}$$

만일 초기조건(initial value condition)이 정지해 있는 경우($t = 0$에서 $V = 0$)라고 하면

$$V(t) = \sqrt{\frac{mg}{C_D^*}} \tanh\left(\sqrt{\frac{C_D^* g}{m}}\, t\right) \tag{1.11}$$

위와 같은 특수해(particular solution)를 얻을 수 있다. 이는 원래의 미분방정식을 정확히 만족시키므로 자유낙하 문제의 엄밀해라고 할 수 있다.

갈릴레오는 낙하하는 물체의 가속도는 물체의 질량에 상관없이 일정하다는 사실을 검증하려고 노력했다. 실제 피사의 사탑 실험이 아니라 매끄러운 경사면에 서로 다른 무게

의 공을 굴려 실험했다고 알려져 있다.

그러면 아래 예제를 통해 50m 높이의 탑에서 항력계수는 같으나 질량이 서로 다른 물체가 자유 낙하하는 경우와, 질량은 같으나 항력계수가 다른 물체가 자유 낙하하는 경우에 대해 살펴보자.

예제 1.1

50m 높이의 탑에서 질량이 0.5kg인 플라스틱 공과 1kg인 쇠 공을 정지상태에서 낙하시켰을 때 속도변화를 계산하라. 두 물체의 항력계수는 0.2kg/m로 동일하다고 가정하자.

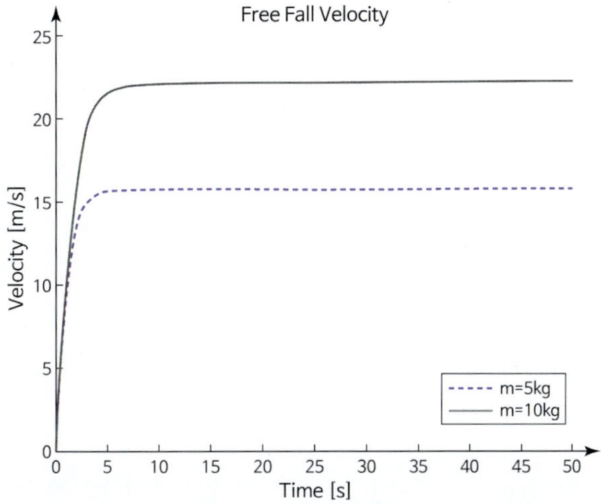

그림 1.2 자유 낙하하는 물체(다른 질량, 동일 항력계수를 가지는)의 속도

예제 1.2

50m 높이의 탑에서 질량은 10kg으로 같고 항력계수는 0.3kg/m와 0.1kg/m인 물체를 정지상태에서 낙하시켰을 때 속도 변화를 계산하라.

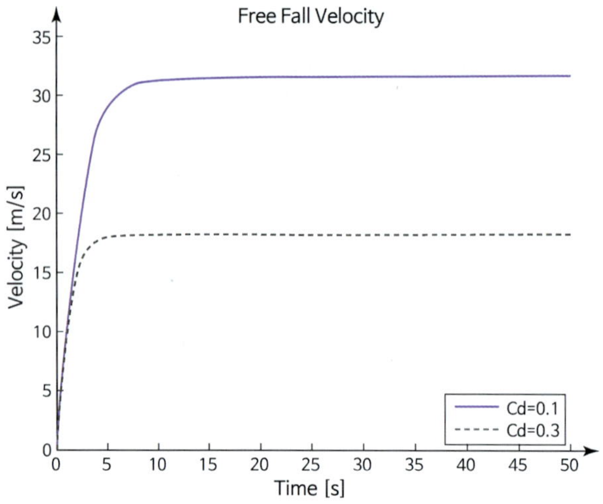

그림 1.3 자유 낙하하는 물체(동일 질량, 다른 항력계수를 가지는)의 속도

1.1.3 수치 모델링(numerical modeling)

실제 우리가 관심이 있는 많은 공학적 문제의 경우 엄밀해를 구할 수 있는 문제는 많지 않으며 그 대안으로 수치적 방법을 통해 근사해를 얻는 방법을 사용한다. 앞서 살펴봤던 자유낙하 문제에 대한 근사해를 구해 보자. 먼저 속도의 시간에 따른 변화율을 유한차분(finite difference)법을 사용하여 근사 시켜보자.

$$\frac{dV}{dt} \cong \lim_{\Delta t \to 0} \frac{\Delta V}{\Delta t} = \frac{V(t_{i+1}) - V(t_i)}{t_{i+1} - t_i} \tag{1.12}$$

위에서 유도한 식 (1.9)의 가속도를 대입하고 정리하면,

$$\begin{aligned} \frac{V(t_{i+1}) - V(t_i)}{t_{i+1} - t_i} &= \left.\frac{dV}{dt}\right|_i \\ V(t_{i+1}) &= V(t_i) + \left.\frac{dV}{dt}\right|_i \Delta t \\ V(t_{i+1}) &= V(t_i) + \left[g - \frac{k}{m} V(t_i)^2\right] \Delta t \end{aligned} \tag{1.13}$$

어떤 시간에서의 초기 속도 값을 알면 그 이후의 시간에서의 속도를 계산할 수 있다. 즉, [그림 1.4]와 같이 "새로운 값=이전 값+기울기×변위"를 이용하여 반복적으로 계산을 진행하면 해석해를 얻을 수 있다. 따라서 미분방정식은 이전 시간에서의 속도와 그 기울기 및 시간 값을 사용하여 구하고자 하는 시간에서의 속도를 대수적으로 구할 수 있는 방정식으로 표현할 수 있으며, 이와 같은 방법을 Euler법이라고 한다.

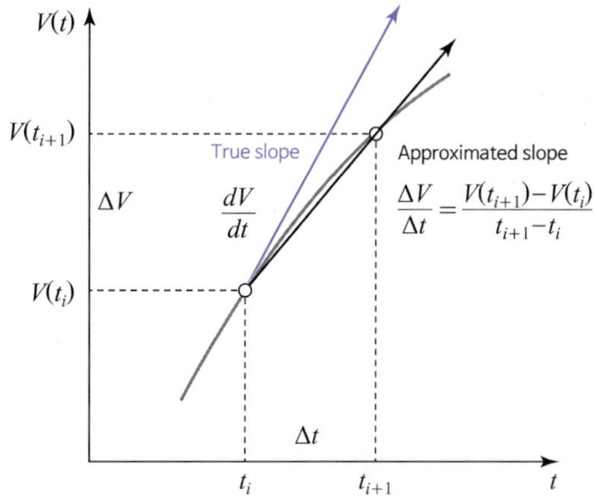

그림 1.4 1차 도함수의 유한차분 근사

그러면 위에서 구한 엄밀해와 수치해를 비교해 보자.

예제 1.3

위에서 살펴본 자유 낙하물체의 속도에 대한 엄밀해인 식 (1.11)과 수치해인 식 (1.12)를 초기조건 $V_i = 0$, $t = 0$과 시간간격 $dt = 0.2$로 계산하여 비교하시오.

```
% ================ Ex1.3 ================
% Comparison between analytic and numerical solutions
%   tt: terminal time
%   dt: time difference
%   ti: initial time
%   vi: initial velocity

clear;
```

```
g=9.81;   m=10;   cd=0.1;
tt=30;   dt=0.2;   ti=0.0;  vi=0.0;
t=ti;
av=vi;
span=(tt-ti)/dt;
for  n=1:span
      ev=sqrt(g*m/cd)*tanh(sqrt(g*cd/m)*t);
      dvdt=g-(cd/m)*av^2;
      av=av+dvdt*dt;

      T(n)=t;
      eV(n)=ev;
      aV(n)=av;
      t=t+dt;
end
plot(T,eV,'-r',T,aV,'—','LineWidth',2)
title('Comparison between exact and numerical solution','fontsize',12)
xlabel('Time  [s]','fontsize',12)
ylabel('Velocity  [m/s]','fontsize',12)
legend('Exact Solution', 'Numerical Solution', ‘fontsize’,4)
grid  on
```

[그림 1.5]에 비교된 엄밀해와 수치해 사이에 오차는 계산간격($dt=0.2$)을 줄여주면 작아지게 된다. 계산의 정도를 높일수록 수치해는 일정한 값에 수렴(converge)해야 하며, 그렇지 않고 발산(diverge)하는 경우 사용한 수치해법을 신뢰할 수 없게 된다. 일반적으로 보다 정확한 해를 얻기 위해 계산 간격의 크기를 절반으로 줄이면 계산량은 두 배로 증가한다. 이는 수치해법에 있어 매우 중요하게 고려되어야 할 사항으로 계산량을 줄이면서 정도 높은 해를 구하기 위한 수치적 방법을 사용해야 한다.

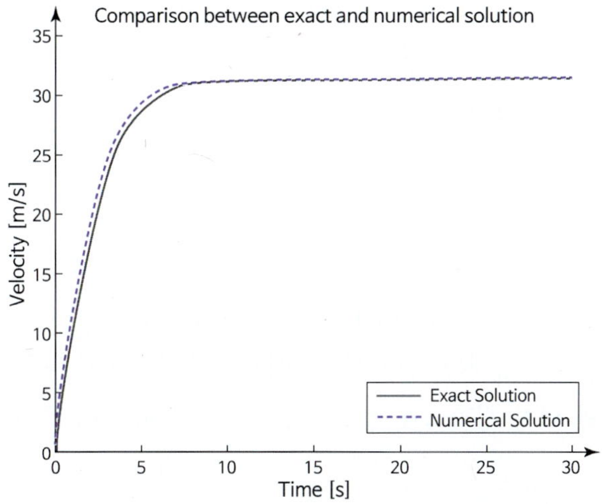

그림 1.5 자유 낙하속도에 대한 엄밀해와 수치해의 비교

1.2 수치오차

수치해석을 통해 우리가 관심이 있는 공학적 문제에 대한 만족할 만한 해를 얻기 위해서는 그 해가 충분히 정확하고 정밀해야 한다. 자유낙하 물체의 수치해석을 통해 살펴본 바와 같이 수치해 또는 근사해는 유한차분을 사용하여 계산하기 때문에 일정량의 오차를 피할 수 없다. 그러면 먼저 정확도와 정밀도의 개념을 살펴보고, 오차의 종류와 정량화에 대해 알아보자.

1.2.1 정확도와 정밀도

정확도(accuracy)는 계산 값이나 측정값이 참값에 얼마나 가까운가를 의미한다. 다시 말해 정확도 오차(accuracy error)란 한 개의 계산 값에서 참값을 뺀 값이다. 즉, 계산 값의 정확도는 참값에 대한 평균 측정값의 근접한 정도를 나타낸다. 정밀도(precision)란 계산 값이나 측정값들이 얼마나 정밀(밀집)한가를 의미한다. 정밀도 오차(precision error)란 한 개의 계산 값에서 계산 값들의 평균을 뺀 값이다. 즉, 계산 값의 정밀도는 해상도의 조밀함과 계산과정의 반복성을 나타낸다. [그림 1.6]과 같이 양궁선수가 쏜 화살의 분포

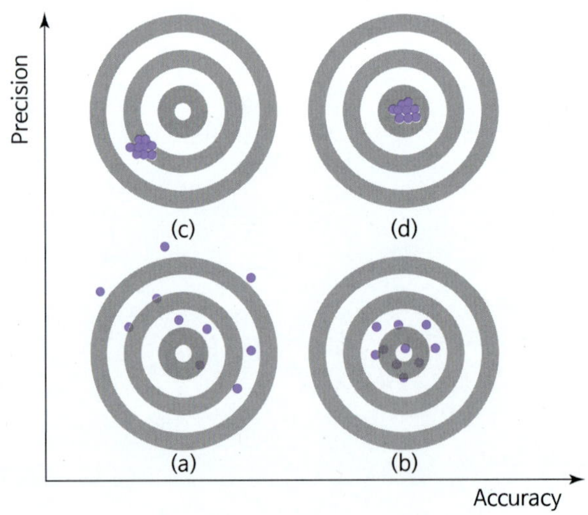

그림 1.6 정확도와 정밀도

를 살펴보자. (a)는 부정확하고 정밀하지 못하며 (b)는 상대적으로 정확도는 증가했으나 정밀하지 못하다. (c)는 정밀하나 부정확하지만 (d)는 정확하며 정밀하다고 할 수 있다.

1.2.2 오차와 오차의 정량화

수치적 오차는 수학적 연산 과정에서 계산 값을 근사적으로 나타내기 때문에 발생되며 따라서 참값은 근삿값과 오차의 합이 된다. 즉, 오차는 참값과 근삿값의 차이를 나타낸다.

$$\text{오차}(e) = \text{참값} - \text{근삿값}$$

하지만 위와 같이 오차를 다룰 때 그 수치의 크기에 대한 고려가 없다는 단점이 있다. 예를 들어, 매우 정밀한 문제를 다룰 때 그 오차값이 작다고 하더라도 심각한 문제를 유발할 수 있다. 따라서 오차를 고려할 때 참값으로 정규화하여 상대적 값을 의미하는 상대오차(relative error)를 사용한다.

$$\text{상대오차}(er) = (\text{참값} - \text{근삿값}) / \text{참값}$$

또한 참값의 상대오차를 백분율로 나타낸 참 백분율 상대오차로도 표현하기도 한다.

$$\text{참 백분율 상대오차}(er) = (\text{참값} - \text{근삿값}) / \text{참값} \times 100\%$$

그러나 문제는 실제 공학문제에 있어 참값을 미리 알지 못하는 경우가 대부분이다. 따라서 참값을 가장 잘 나타내는 근삿값 자체를 사용하여 오차를 정규화하여 사용한 근삿값 백분율 상대오차를 사용한다.

$$\text{근삿값 백분율 상대오차}(ea) = (\text{현재 근삿값} - \text{이전 근삿값}) / \text{근삿값} \times 100\%$$

앞서 살펴본 바와 같이 수치해법을 통해 해를 구할 때 반복적인 연산과정을 거치게 된다. 이 경우 현재의 근삿값은 이전의 근삿값을 사용하여 계산된다. 따라서 반복계산 과정을 거치면서 현재와 이전 근삿값의 차이로 정의된 오차가 줄어 든다면 수치해는 특정 근삿값에 수렴한다고 할 수 있다. 수렴된 근삿값이 참값에 얼마나 가까우며, 언제까지 반복계산을 수행할 것인가에 대한 판정기준(stopping criterion)을 정할 필요가 있다. 오차의 부호는 근삿값이 참값보다 작으면 양수가 되며 그렇진 않은 경우 음수가 된다. 오차의 부호보다는 절댓값을 사용하여 미리 정한 허용오차(allowable error, e_s) 보다 작다고 한다면 계산을 종료할 수 있다. 보통 e_s는 n개의 유효숫자와 연관 지어 아래와 같이 정의한다.

$$es = (0.5 - 10^{2^{-}n})\%$$

수치해석에 있어 발생되는 오차는 컴퓨터를 사용하여 숫자를 계산할 때 반올림 값에서 발생되는 반올림오차(round-off error)와 유한차분과 같이 수학적 연산을 근사적으로 표현하기 때문에 발생되는 절단오차(truncation error)가 있다.

1.2.3 반올림오차(round-off error)

반올림오차는 컴퓨터가 수를 표현하는 능력뿐만 아니라 산술적 연산 방법에 의해 발생된다. 우리는 십진수 체계에 익숙해 있지만, 컴퓨터는 on/off의 전기적 신호를 바탕으로 2진수 논리단위를 사용한다. 보통 n-비트(bit) 컴퓨터는 -2^n에서 2^{n-1} 범위의 정수를 사용한다. 즉, 16비트 컴퓨터의 경우 $-32,768$에서 32767까지의 정수 범위를 사용하며, 32비트 컴퓨터의 경우 $-2,127,483,648$에서 $2,127,483,647$이다. 하지만 실제 컴퓨터는 양수와 음수를 표현하기 위해 하나의 비트를 사용하지 않고 부호를 직접 숫자의 크기에 포함시켜 사용한다. 다시 말하면 컴퓨터는 수를 표현하는 능력에 근본적인 한계가 있으며, 특히 부동소수점(floating-point) 처리 시 오차가 발생하게 된다. 예를 들어, $\pi = 3.14259265358979\cdots$ 같은 무리수를 근사된 값, 3.14 또는 3.142592를 사용할 수밖에 없으며, 개선의 여지는 있지만 항상 어느 정도의 반올림오차를 갖고 있을 수밖에 없다.

컴퓨터가 사용하는 수의 체계 자체가 가지는 한계 이외에도 산술적 연산 과정에서도 반올림오차가 발생된다. 예를 들어, 큰 수와 작은 수의 덧셈을 생각해 보자. 50000에 0.0001을 더하는 경우

$$\begin{aligned} &0.50000 \times 10^5 \\ &+0.00000001 \times 10^5 \\ &=0.50000001 \times 10^5 \\ &\cong 0.50000 \times 10^5 \end{aligned}$$

결과는 반올림을 적용하여 0.50000×10^5이 된다. 즉, 이는 덧셈을 수행하지 않은 것과 마찬가지의 결과가 된다. 보통 이런 종류의 오차는 무한급수 계산에서 자주 발생하는데 첫 번째 항은 나머지 항들에 비해 상대적으로 크기 때문에 처음 몇 개의 항들이 더해진 후에는 큰 수에 작은 수를 더하는 것과 같은 상황이 발생한다. 따라서 이와 같은 오차를 줄이는 방법은 급수의 덧셈을 역순으로 하는 것이 일반적이다. MATLAB은 8개의 바이트(16비트)로 부동소수점 수를 표현한다. MATLAB에서 π는 다음과 같이 표현된다.

```
>> format long
>> pi
 ans =
        3.14159265358979
```

MATLAB은 숫자의 표현을 정의해 주는 내장함수를 가지고 있는데, realmax 함수는 가장 큰 양의 실수를, realmin 함수는 가장 작은 양의 실수를 나타낸다.

```
>>format long
>> realmax
ans =
       1.7976931313486231 6e+308
>>format long
>> realmin
ans =
       2.225073858507201e-308
```

MATLAB은 realmax의 값을 초과하면 inf로 표시하고, realmin보다 작은 수는 0으로 처리한다.

1.2.4 절단오차(truncation error)

절단오차는 유한차분(finite difference)과 같이 수학적 연산을 근사적으로 표현하는 데서 발생하는 오차이다. 먼저 미분가능한 어떤 함수를 다항식의 형태로 근사시키는 데 유용하게 사용되는 급수해법(series solution)에 대해 살펴보자.

선형미분방정식을 풀이하는 기본해법으로 이용되는 거듭제곱 또는 멱급수(power series)는 아래와 같이 $(x-x_0)$의 거듭제곱을 갖는 무한급수 형태이다.

$$\sum_{n=0}^{\infty} a_n (x-x_0)^n = a_0 + a_1(x-x_0) + a_2(x-x_0)^2 + a_3(x-x_0)^3 \cdots \tag{1.14}$$

x_0에서의 도함수를 이용하여 멱급수의 각 항의 계수를 구하면 아래와 같이 Taylor 급수가 얻어진다.

$$\begin{aligned}
&f(x_0) = a_0 \\
&f'(x) = a_1 + 2a_2(x-x_0) + 3a_3(x-x_0)^2 + \cdots \\
&f'(x_0) = a_1 \\
&f''(x) = 2a_2 + 3 \cdot 2a_3(x-x_0) + \cdots \\
&f''(x_0) = 2a_2 \quad \rightarrow \quad a_2 = \frac{f''(x_0)}{2!} \\
&f'''(x) = 3 \cdot 2a_3 + 4 \cdot 3 \cdot 2a_4(x-x_0) + \cdots \\
&f'''(x_0) = 3!a_2 \quad \rightarrow \quad a_3 = \frac{f''(x_0)}{3!} \\
&\quad \therefore f(x) = f(x_0) + (x-x0)f'(x_0) + (x-x_0)^2\frac{f''(x_0)}{2!} + (x-x_0)^3\frac{f'''(x_0)}{3!} + \cdots \\
&\qquad\qquad = \sum_{n=0}^{\infty} \frac{f^n(x_0)}{n!}(x-x_0)^n
\end{aligned} \tag{1.15}$$

Taylor 급수에 $x_0 = 0$를 대입하면 Maclaurin 급수를 얻는다.

$$\begin{aligned} f(x) &= f(0) + xf'(0) + x^2\frac{f''(0)}{2!} + x^3\frac{f'''(0)}{3!} + \cdots \\ &= \sum_{n=0}^{\infty}\frac{f^n(x_0)}{n!}x^n \end{aligned} \tag{1.16}$$

예제 1.4

$f(x) = e^x$, e^{ix}, $\cos x$, $\sin x$, $i\sin x$를 Maclaurin 급수를 이용하여 전개하시오. 이를 조합하여 Euler 공식을 유도하시오.

$$\begin{aligned} e^x &= 1 + x + x^2\frac{1}{2!} + x^3\frac{1}{3!} + \cdots\cdots\cdots = \sum_{n=0}^{\infty}\frac{x^n}{n!} \\ e^{ix} &= 1 + ix + (ix)^2\frac{1}{2!} + (ix)^3\frac{1}{3!} + \cdots\cdots\cdots = \sum_{n=0}^{\infty}\frac{(ix)^n}{n!} \\ &= \left(1 - \frac{x^2}{2!} + \frac{x^4}{4!} - \cdots\right) + i\left(x - \frac{x^3}{3!} + \frac{x^5}{5!} - \cdots\right) \\ \cos x &= 1 + 0 - \frac{x^2}{2!} + 0 + \frac{x^4}{4!} - \cdots\cdots\cdots\cdots\cdots = \sum_{n=0}^{\infty}\frac{(-1)^n x^{2n}}{(2n)!} \\ \sin x &= 0 + x - 0 - \frac{x^3}{3!} + 0 + \frac{x^5}{5!} - \cdots\cdots\cdots\cdots\cdots = \sum_{n=0}^{\infty}\frac{(-1)^n x^{2n+1}}{(2n+1)!} \\ i\sin x &= i\left(x - \frac{x^3}{3!} + \frac{x^5}{5!} - \cdots\cdots\cdots\cdots\cdots\right) = i\sum_{n=0}^{\infty}\frac{(-1)^n x^{2n+1}}{(2n+1)!} \end{aligned} \tag{1.17}$$

위에서 유도된 식들을 조합하면 아래와 같은 Euler 공식을 얻을 수 있다.

레온하르트 오일러(Leonhard Euler, 1707~1783)

스위스에서 태어나, 러시아에서 활동한 수학자, 물리학자이자 천문학자였다. 그는 13세 나이에 바젤 대학에 입학하여 1723년 데카르트와 뉴턴의 철학을 비교한 논문으로 석사학위를 받았고, 그 때부터 그의 재능을 알아본 다니엘 베르누이로부터 개인교습을 받았다. 1727년 박사학위 후 러시아에 정착하여 많은 업적을 남기기 시작했다. 그는 처음으로 제타함수를 만들어 썼으며, 소수의 역수의 합이 발산한다는 사실을 알아냈다. 또한 정수론에도 많은 업적을 남겼으며 해석학 분야의 오일러 공식, 오일러-매클로린 전개는 특히 유명하다. 그 외 유체의 흐름을 기술한 오일러 방정식, 미적분학의 최대, 최소 문제를 만족하는 함수의 모양을 구하는 오일러-라그랑주 방정식, 거듭제곱 꼴의 해를 가지는 상미분방정식인 오일러-코시 방정식이 유명하다.

$$
\begin{aligned}
& e^{\pm ix} = \cos x \pm i \sin x \\
& \cos x = \frac{1}{2}(e^{ix} + e^{-ix}) \\
& \sin x = \frac{1}{2}(e^{ix} - e^{-ix})
\end{aligned} \tag{1.18}
$$

$$
e^{\pm i\pi} + 1 = 0 \tag{1.19}
$$

예제 1.5

다음과 같이 Maclaurin 급수를 이용하여 무한급수로 표현되는 지수함 $e^{0.5}$의 차수를 증가시킬 때 발생되는 참 백분율 상대오차와 근삿값 백분율 상대오차를 계산하시오. 이 때 종료 판정기준은 0.05%(유효숫자 3자리)를 사용하시오.

$$
e^x = 1 + x + x^2\frac{1}{2!} + x^3\frac{1}{3!} + x^4\frac{1}{4!} + x^5\frac{1}{5!}\cdots
$$

$$\theta(1): \ e^{0.5} \simeq 1+0.5=1.5$$

$$\theta(2): \ e^{0.5} \simeq 1+0.5+(0.5)^2\frac{1}{2!}=1.625$$

$$\theta(3): \ e^{0.5} \simeq 1+0.5+(0.5)^2\frac{1}{2!}+(0.5)^2\frac{1}{3!}=1.6458$$

$$\theta(4): \ e^{0.5} \simeq 1+0.5+(0.5)^2\frac{1}{2!}+(0.5)^3\frac{1}{3!}+(0.5)^4\frac{1}{4!}=1.6484$$

$$\theta(5): \ e^{0.5} \simeq 1+0.5+(0.5)^2\frac{1}{2!}+(0.5)^3\frac{1}{3!}+(0.5)^4\frac{1}{4!}+(0.5)^5\frac{1}{5!}=1.6486$$

$$e^{0.5}=1.6487\cdots$$

$$\epsilon s=(0.5\times 10^{2-3})=0.05\%$$

$$\theta(1): \ \epsilon_r=\left|\frac{1.6487-1.5}{1.6487}\right|\times 100\%=9.02\%$$

$$\epsilon_a=\left|\frac{1.5-1.0}{1.5}\right|\times 100\%=33.3\%$$

$$\theta(2): \ \epsilon_r=\left|\frac{1.6487-1.625}{1.6487}\right|\times 100\%=1.44\%$$

$$\epsilon_a=\left|\frac{1.625-1.5}{1.625}\right|\times 100\%=7.69\%$$

$$\vdots$$

$$\theta(5): \ \epsilon_r=\left|\frac{1.6487-1.6486}{1.6487}\right|\times 100\%=0.00142\%$$

$$\epsilon_a=\left|\frac{1.6486-1.6484}{1.6486}\right|\times 100\%=0.0158\%$$

Order	True	Approximated	Er(%)	Ea(%)
1	1.6487	1.5000	9.0204	33.3333
2	1.6487	1.6250	1.4388	7.6923
3	1.6487	1.6458	0.1752	1.2658
4	1.6487	1.6484	0.0172	0.1580
5	1.6487	1.6487	0.0014	0.0158

1.3 수치해석과 오차

물리적 현상을 이해할 때 시간에 따른 물리량의 변화율 또는 독립변수들에 따른 종속변수의 변화율(도함수)은 그 현상을 이해하고 해석하는 데 중요한 정보를 제공해 준다. 우리는 보통 현재의 제한된 정보를 이용하여 변화율을 계산하기 위해 차분방정식(difference equation)을 사용한다. 앞서 살펴본 Taylor 급수는 도함수의 수학적 표현과 오차에 대한 좋은 예를 보여준다.

$$\begin{aligned} f(x) &= f(x_0) + (x - x_0) f'(x_0) + (x - x_0)^2 \frac{f''(x_0)}{2!} + \cdots \\ &+ (x - x_0)^n \frac{f^n(x_0)}{n!} + R_n \end{aligned} \tag{1.20}$$

여기서 R_n은 $n+1$항부터 무한대 항까지의 나머지(remainder)를 의미한다.

식 (1.19)의 $x_0 = x_i$, $x = x_{i+1}$, $dx = (x - x_0)$로 두고 다시 정리하면,

$$\begin{aligned} f(x_{i+1}) &= f(x_i) + f'(x_i) dx + \frac{f''(x_i)}{2!} dx^2 + \cdots \\ &+ \frac{f^n(x_i)}{n!} dx^n + R_n \left(\frac{f^{n+1}(x_i)}{(n+1)!} dx^{n+1} \right) \end{aligned} \tag{1.21}$$

일반적으로 n차 Taylor 급수전개를 사용하면 n차 다항식을 정확하게 나타낼 수 있다. 하지만 지수함수나 삼각함수와 같이 미분가능하고 연속적인 함수의 경우 n개의 유한한 항으로 그 함수를 정확하게 표현할 수는 없다. 다시 말하면, 고차항을 추가함에 따라 근삿값은 개선되어가지만 오차는 여전히 존재하게 된다는 사실이다. Taylor 급수는 단 몇 개의 항만으로 참값에 충분히 근접한 근사해를 얻을 수 있다는 실용적인 장점이 있지만, 우리는 여기서 절단오차의 관점에서 좀 더 살펴보기로 하자. 나머지 R_n은 dx^{n+1}의 크기에 비례하는 정도의 절단오차를 갖는 것을 의미한다. 즉, 오차는 dx의 $(n+1)$제곱에 비

례한다.

$$R_n = \theta(dx^{n+1}) \tag{1.22}$$

다시 말해 $\theta(dx)$의 오차를 갖는 근사식을 계산할 때 계산 간격을 반으로 줄이면 오차도 반으로 줄며, $\theta(dx^2)$의 근사식이라면 오차는 1/4로 줄어든다. 하지만 명심해야 할 것은 계산 간격을 줄이면 계산량의 증가로 계산 시간이 늘어나며 반올림오차 또한 증가한다는 사실이다.

식 (1.21)로부터 현재 값의 1차 도함수를 현재 값(i)과 다음 값($i+1$)으로 표현하면 아래와 같이 전향차분(forward difference)을 얻을 수 있다.

$$f'(x_i) = \frac{f(x_{i+1}) - f(x_i)}{dx} + \theta(dx) \tag{1.23}$$

도함수를 현재 이전 값($i-1$)과 현재 값(i)으로 표현하면 후향차분(backward difference)을 얻는다.

$$f'(x_i) = \frac{f(x_i) - f(x_{i-1})}{dx} + \theta(dx) \tag{1.24}$$

식 (1.23)과 (1.24)를 정리하여 빼주면 중심차분(centered difference)을 구할 수 있다.

$$\begin{array}{rl} & f(x_{i+1}) = f(x_i) + f'(x_i)dx + f''(x_i)\dfrac{dx^2}{2} + \cdots \\ - & f(x_{i+1}) = f(x_i) + f'(x_i)dx + f''(x_i)\dfrac{dx^2}{2} + \cdots \\ \hline & f'(x_i) = \dfrac{f(x_{i+1}) - f(x_{i-1})}{2dx} + \theta(dx^2) \end{array} \tag{1.25}$$

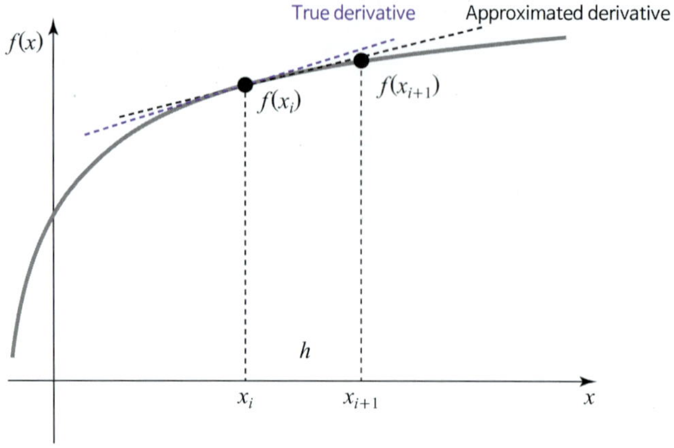

(a) 전향차분(forward difference)

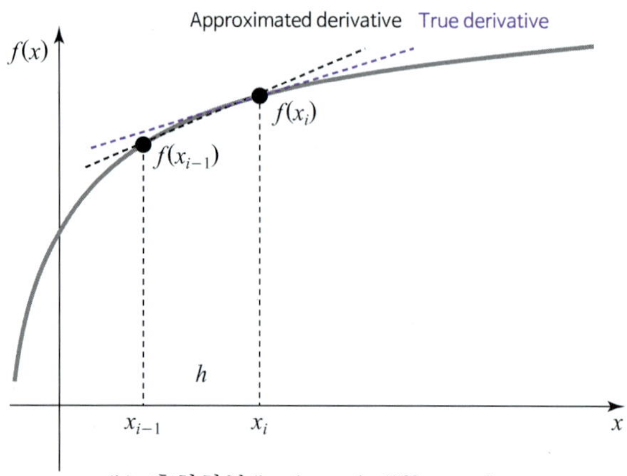

(b) 후향차분(backward difference)

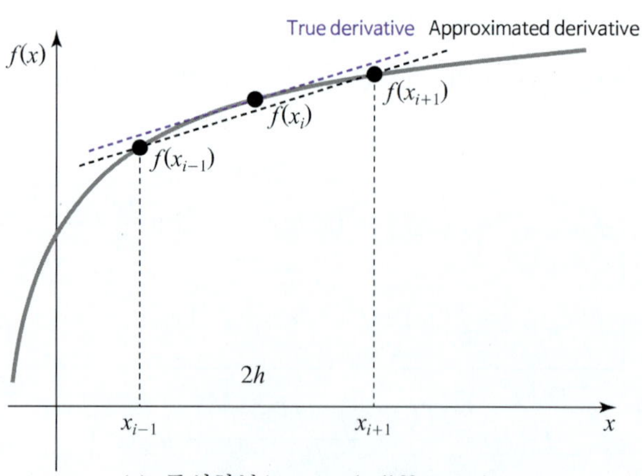

(c) 중심차분(centered difference)

그림 1.7 유한차분법(finite difference)

위 식 (1.23~25)에서 볼 수 있는 바와 같이 전향 및 후향차분의 경우 $\theta(dx)$ 오차를 갖지만 중심차분의 경우 $\theta(dx^2)$의 오차를 갖는다. 즉, 계산 간격의 크기를 반으로 줄이면 전형 또는 후향차분의 경우 오차가 반으로 줄지만, 중심차분의 경우 1/4로 줄어든다.

예제 1.6

아래 함수의 $x=0.5$에서의 일차 도함수를 전향, 후향 및 중심차분으로 근사 시킬 때 $dx=[0.01:0.01:0.5]$로 계산하고 백분율 상대오차를 계산하시오.

$$f(x)=-0.1x^4-0.15x^3-0.5x^2-0.25x+1.2$$

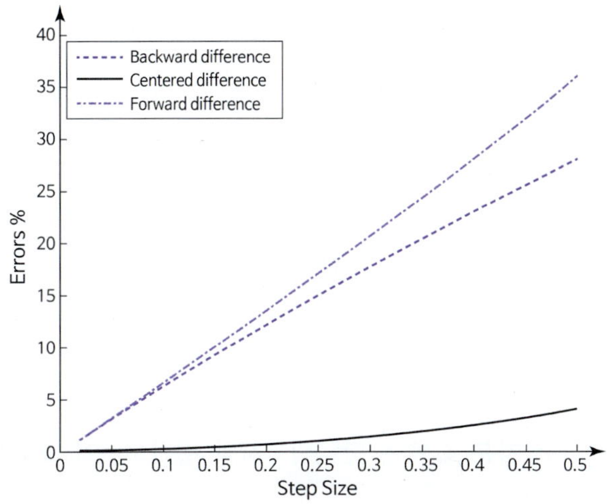

그림 1.8 유한차분법의 오차

1.4 전체 수치오차

앞서 살펴본 유한차분 근사의 경우 두 함숫값이 반올림오차를 갖지 않는다면 전체 오차는 절단오차에 기인할 것이다. 즉, 아래 중심차분의 경우 분자에 있는 함숫값에 반올림오차가 없다면 오차는 절단오차뿐이다.

$$f'(x_i) = \frac{f(x_{i+1}) - f(x_{i-1})}{2dx} + \theta(dx^2)$$

하지만 수치적으로 계산하는 과정에서 함숫값은 다음과 같은 반올림오차를 포함하고 있다.

$$\tilde{f}(x_{i-1}) \cong f(x_{i-1}) + e_{i-1}$$
$$\tilde{f}(x_{i+1}) \cong f(x_{i+1}) + e_{i+1}$$

즉, 실제 계산되는 중심차분 값에는 반올림오차와 절단오차가 포함되어 있음을 알 수 있다.

$$f'(x_i) = \frac{\tilde{f}(x_{i+1}) - \tilde{f}(x_{i-1})}{2dx} + \frac{e_{i+1} - e_{i-1}}{2dx} + \theta(dx^2)$$

보통 반올림오차는 컴퓨터의 유효숫자를 증가시켜 최소화할 수 있으나, 연산량의 증가에 따라 커지며, 절단오차는 계산 간격의 크기를 줄이면 줄어들지만 계산량이 늘어남으로써 반올림오차의 증가를 초래한다. 즉, 전체 수치오차는 반올림오차와 절단오차의 한 성분을 줄이면 다른 오차성분이 증가한다는 것이다. 따라서, 주어진 문제의 특성에 따라 절단오차의 큰 증가없이 계산량과 반올림을 줄일 수 있는 적합한 계산 간격의 크기를 결정하는 것이 중요하다.

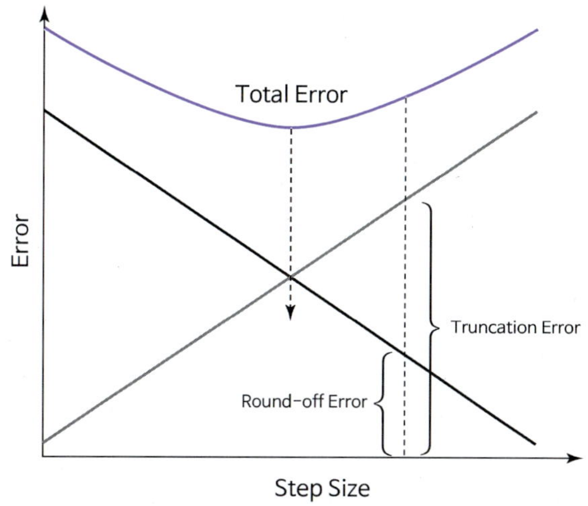

그림 1.9 전체 수치오차의 특성

예제 1.7

예제 1.6의 함수의 $x = 1.0$에서의 일차 도함수를 중심차분으로 구할 때 계산간격을 1.0부터 10^{-10}까지 계산하고 전체 수치오차의 거동을 보이시오.

Exact_Value $= -2.10$

Step Size(h)	Approximation	True Error
1.00000000000	−2.65000000000	0.55000000000
0.10000000000	−2.10550000000	0.00550000000
0.01000000000	−2.10005500000	0.00005500000
0.00100000000	−2.10000055000	0.00000055000
0.00010000000	−2.10000000550	0.00000000550
0.00001000000	−2.10000000006	0.00000000006
0.00000100000	−2.10000000006	0.00000000006
0.00000010000	−2.10000000000	0.00000000000
0.00000001000	−2.09999999612	0.00000000388
0.00000000100	−2.10000006273	0.00000006273
0.00000000010	−2.10000017375	0.00000017375

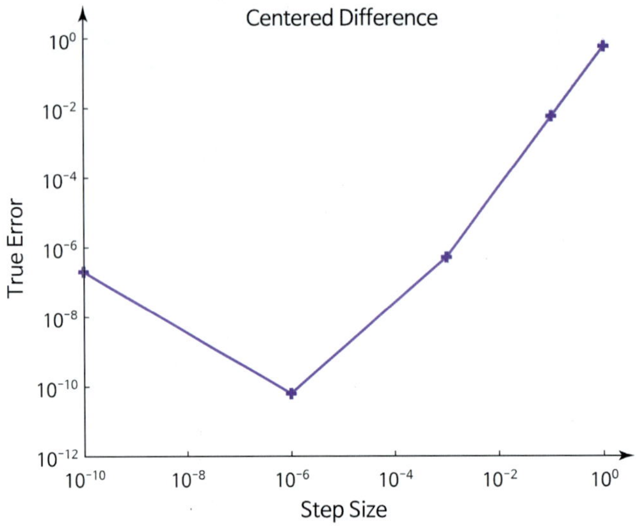

그림 1.10 중심차분법의 전체 수치오차

연습문제

문제 1.1 아래 주어진 동일한 두 다항식의 $x=1.37$값을 3자리 유효숫자 연산을 수행할 때 발생되는 백분율 상대오차의 값을 비교하시오.

$$y = x^3 - 7x^2 + 8x - 0.35$$
$$y = ((x-7)x+8)x - 0.35$$

문제 1.2 $x=0.3$일 때 아래 무한급수 전개를 1차, 2차, 3차, 4차를 적용하여 계산하고 백분율 상대오차를 구하시오.

$$e^x = 1 + x + x^2\frac{1}{2!} + x^3\frac{1}{3!} + x^4\frac{1}{4!} + x^5\frac{1}{5!} \cdots$$

문제 1.3 $\cos(x)$함수를 Maclaurin 급수를 이용하여 계산하고자 한다. $x=1.5$, $n=5$차까지 근삿값과 참 백분율 상대오차를 계산하시오.

문제 1.4 예제 1.6과 같은 문제의 $x=1.0$에서의 중심차분 근사를 통해 1차 도함수를 구할 때, $dx=10^{-1}$에서 시작하여 간격의 크기를 $dx=dx*10^{-n}$로 축소하면서 계산하고 전체 수치오차의 거동을 보이시오(절단오차가 증가함을 보이시오).

문제 1.5 함수 $f(x) = 1/x$에 대해 구간 [0.1:0.2]에서 계산 간격의 크기를 $h = 0.01$로 전향차분(forward difference), 후향차분(backward difference) 및 중심차분(centered difference) 근사를 사용하여 1차 및 2차 도함수를 구하고 엄밀해와 비교하시오.

문제 1.6 구간 $[-2,\ 2]$에서 계산 간격의 크기 $h = 0.25$로 하여 주어진 함수에 대해 전향차분(forward difference), 후향차분(backward difference) 및 중심차분(centered difference) 근사를 사용하여 1차 도함수를 구하고 엄밀해와 비교하여 그리시오.

$$f(x) = x^3 - 2x + 4$$

문제 1.7 $\sin(x)$함수를 Maclaurin 급수로 전개하여 계산하고자 한다. 차수 값 n을 입력받아 $\sin(0.5)$의 근삿값을 계산하고 각 차수에 대한 참백분율상대오차를 출력하시오.

문제 1.8 전진차분법(Forward differential)을 사용하여 주어진 구간에 대한 미분방정식의 (1) 해를 구하고, (2) 그림으로 출력하시오.

$$y' = x + y,\ y(0) = 0$$
$$x = 0.0 : 0.002 : 0.1$$

제 2 장

Numerical Analysis with MATLAB

비선형 방정식의 수치해석

Numerical Analysis with MATLAB

2.1 비선형 방정식의 근을 구하는 수치해법

앞서 우리는 정지해 있던 물체가 자유 낙하하는 속도에 대한 해석해(analytic solution)를 구하였다.

$$V(t) = \sqrt{\frac{mg}{C_D^*}}\tanh\left(\sqrt{\frac{C_D^* g}{m}}\,t\right) \tag{2.1}$$

위 식으로부터 자유낙하 속도는 시간의 함수로 표현된 양함수(explicit function)의 형태로 질량과 항력계수(drag coefficient)를 알고 있다면 낙하 속도를 직접 계산할 수 있다. 그렇다면 특정 시간에 특정 속도로 낙하할 수 있는 질량(주어진 항력계수에 대해)을 결정하는 문제를 생각해 보자. 위의 방정식으로는 질량(m)을 방정식의 좌변으로 분리하여 계산할 수 없기 때문에, 아래 식과 같이 음함수(implicit function)의 형태로 표현하고, 이 함수의 값이 0이 되도록 하는 질량을 구해야 한다.

$$f(m) = \sqrt{\frac{mg}{C_D^*}}\tanh\left(\sqrt{\frac{C_D^* g}{m}}\,t\right) - V(t) \tag{2.2}$$

예를 들어, 항력계수가 0.23kg/m인 물체가 자유낙하 할 때 5초 후에 속도가 30m/s가 되는 물체의 질량을 결정해 보자. 식 (2.2)는 질량이 10kg에서 50kg사이 일 때 아래와 같이 그려진다.

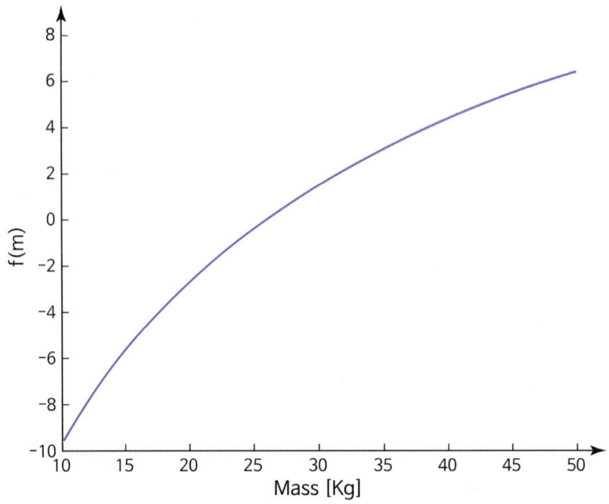

그림 2.1 비선형 방정식과 근

위 그래프를 통해 근의 개략적인 추정 값을 알 수는 있지만 정확한 해를 구하기는 쉽지 않다. 하지만 우리는 여기서 근을 중심으로 함수 $f(x)$의 값의 부호가 반대인 사실을 알 수 있다. 일반적으로 근을 중심으로 부호가 반대이면 구간 내에 홀수 개의 근이 존재하고, 부호가 같다면 구간 내에 근이 없거나 또는 짝수 개의 근을 갖는다고 할 수 있다. [그림 2.2]는 상/하한 경곗값과 근에 대한 몇 가지 경우를 보여준다. 상/하한 경곗값에서 함숫값의 부호가 같으면 (a)와 같이 구간 내에 근이 존재하지 않거나 (b)와 같이 짝수 개의 근이 있음을 알 수 있고, 구간 내의 함숫값의 부호가 서로 다르면 구간 내에 홀수 개의 근이 존재할 수 있다. 여기서 주의해야 할 것은 [그림 2.2](c)처럼 중근을 갖는 경우 함숫값의 부호가 다르더라도 구간 내에 짝수 개의 근이 존재할 수 있다. 또한 불연속 함수의 경우에는 구간 내에서 짝수 개의 근이 존재할 수 있으며, 이러한 경우는 특별한 방법을 사용하여 근을 구해야 한다.

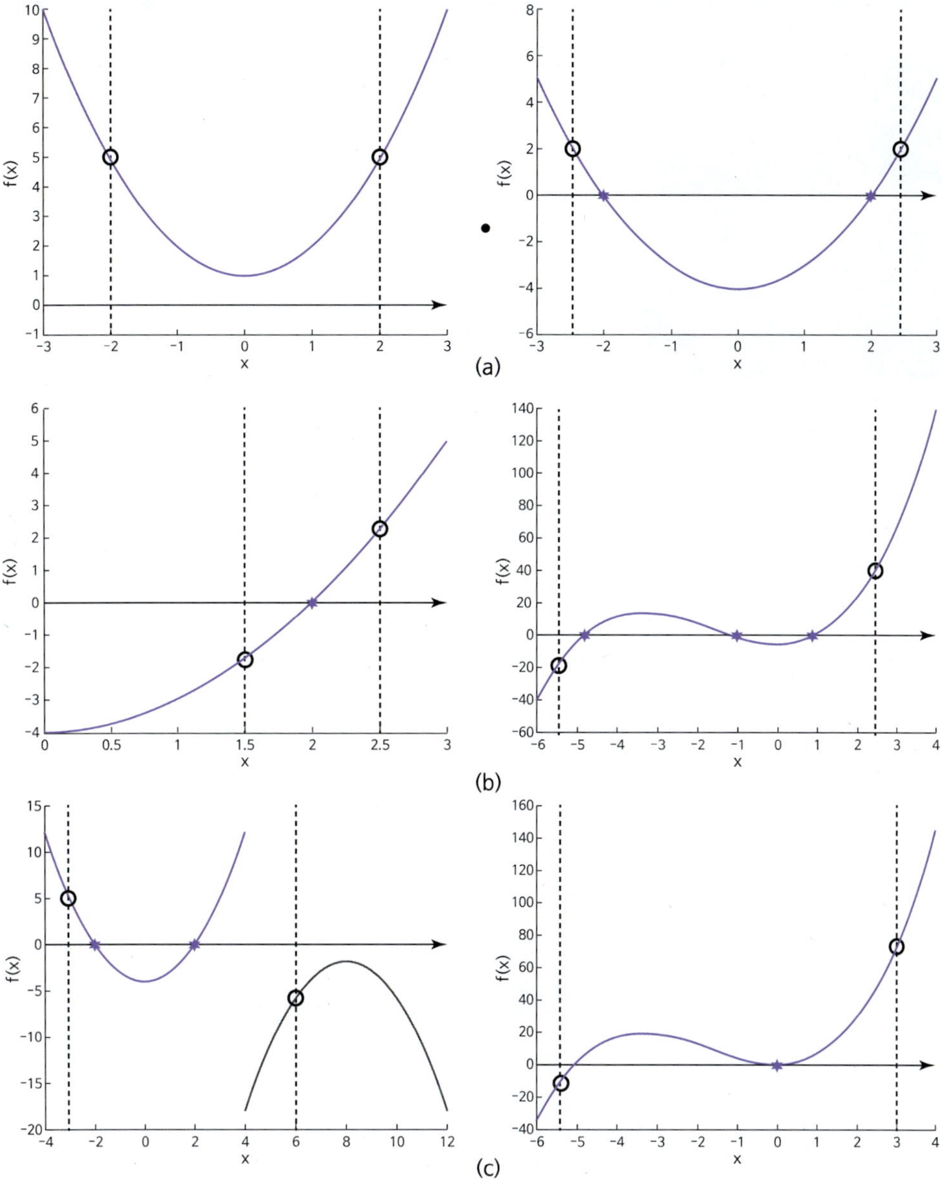

그림 2.2 상/하한 경곗값과 근

위에서 살펴본 근의 성질을 바탕으로 비선형 방정식의 근을 구하는 다양한 수치해법에 대해 살펴보도록 하자.

조제프 루이 라그랑주(Joseph Louis Lagrange, 1736~1813)

정수론과 해석학 및 전체 역학에 크게 기여한 프랑스의 수학자이다. 1764년 달의 칭동(秤動)에 관한 논문으로 파리 과학아카데미 상을 받았으며, 당시 생존하는 가장 위대한 수학자로 인정받았다. 1776년 오일러의 추천을 받아 베를린 아카데미 소속 수학자가 되었으며 1787년까지 베를린에 머물며 정수론적 방정식, 확률, 역학, 태양계의 안정성 등에 관한 다양한 논문을 발표했다. 또한 뉴턴 이후 100년 동안의 역학에 관한 연구를 종합하여 "해석역학"을 펴냈으며, 여기서 그는 자신의 변분법을 기초로 역학계의 어떤 특성들은 역학계의 실제 내력을 묘사하는 경로로부터 생겨나는 변위(變位)에 의한 합(또는 적분)에서의 변화를 고려함으로써 추론될 수 있다고 하였다. 이것은 유한개의 입자계를 기술할 때 필요한 독립좌표계, 즉 "일반화된 좌표계"와 고전역학체계를 위한 "라그랑주 방정식"을 완성하였다.

2.2 이분법

이분법(bisection method)이란 명칭에서도 알 수 있듯이, 만일 함수의 부호가 구간 내에서 바뀐다면 구간의 중간점에서 함숫값을 계산하고 근의 위치는 구간에서 부호가 바뀌는 중간점에 위치하는 것으로 가정하여 함숫값을 계산하는 방법이다. 이분법의 첫 단계는 함수 $f(m)$이 서로 다른 부호를 갖도록 미지수의 두 값을 결정할 수 있다는 가정하에서 출발한다. 이는 앞서 살펴본 그래프 등을 통해 먼저 함숫값의 부호가 바뀌는지를 확인해야 하는 불편함은 있다. 이분법은 구간을 항상 이등분하여 만일 함수의 부호가 바뀌면 구간의 중심에서 함숫값을 계산하고, 근은 구간의 중심에 위치한 것으로 두고 계산을 반복하여 수행한다.

먼저 m의 값을 10과 50으로 가정하면 함숫값의 부호가 바뀌는 것을 알 수 있으며 초기 추정 값은 이 구간의 중간점, 30으로 된다. 다음으로 하한 경곗값과 중간점에서의 함숫값의 곱이 0보다 작으면 중간점을 상한 경곗값으로 대치시킨다. 반대로 하한 경곗값과

$$\text{if } f(x_l)f(x_u) < 0$$
$$\frac{x_u + x_l}{2} = x_r$$

$$\text{if } f(x_l)f(x_r) < 0$$
$$x_r \rightarrow x_u$$

$$\text{if } f(x_l)f(x_r) > 0$$
$$x_r \rightarrow x_l$$

$$\text{while } f(x_r) \simeq 0$$

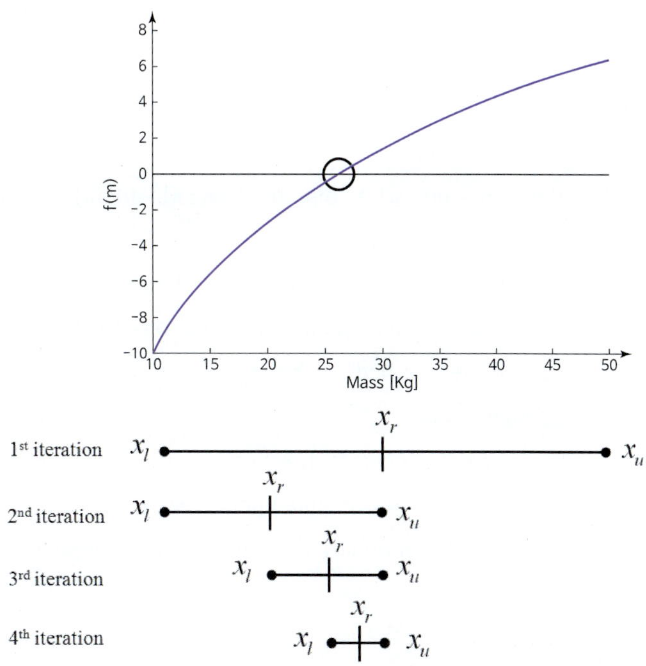

그림 2.3 이분법을 이용한 방정식의 근을 구하는 방법

중간점의 함숫값이 0보다 크다면 중간점을 하한 경곗값으로 대치시키고 반복 계산을 수행한다.

$$\frac{x_u + x_l}{2} = \frac{50+10}{2} = 30 = x_r$$
$$f(10)f(30) < 0 \tag{2.3}$$
$$x_u = 30$$

반복적으로 수행하는 이분법을 어떻게 끝낼 것인가를 결정하기 위해서는 객관적인 판정기준이 필요하다. 이때 근삿값의 상대오차(ϵ_a)를 사용할 수 있으며 오차가 미리 규정된 종료 판정기준(ϵ_s)보다 작으면 계산을 종료시킬 수 있다.

$$|\epsilon_a| = \left| \frac{x_r^{new} - x_r^{old}}{x_r^{new}} \right| \times 100\% \tag{2.4}$$

[그림 2.4]는 이분법 수행을 위한 함수 파일이다. 함수(func)와 하한 값(xl), 상한 값(xu) 그리고 종료를 판정할 수 있는 기준(Ead)을 인수로 받아 [그림 2.3]에서 보여준 계산 과정을 반복적으로 수행한다.

```
function [root,ea] = bisection(func,xl,xu,Ead)
% bisection(xl,xu,es,maxit):
%    uses bisection method to find the root of a function
%    with a fixed number of iterations to attain
%    a prespecified tolerance
% input:
%    func = name of function
%    xl, xu = lower and upper guesses
%    Ead = (optional) desired tolerance (default = 0.000001)
% output:
%    root = real root
```

```
if func(xl)*func(xu)>0  %if guesses do not bracket a sign change
  disp('no bracket')      %display an error message
  return                   %and terminate
end
% if necessary, assign default values
if nargin<4, Ead = 0.000001; end   %if Ead blank set to 0.000001
% bisection
xr = xl;
% compute n and round up to next highest integer
n = round(1 + log2((xu - xl)/Ead) + 0.5);
for i = 1:n
  xrold = xr;
  xr = (xl + xu)/2;
  if xr ~= 0, ea = abs((xr - xrold)/xr) * 100; end
  test = func(xl)*func(xr);
  if test < 0
    xu = xr;
  elseif test > 0
    xl = xr;
  else
    ea = 0;
  end
end
root = xr;
```

그림 2.4 이분법 수행을 위한 함수 파일

예제 2.1

항력계수가 0.23kg/m인 물체가 자유낙하 할 때 5초 후에 속도가 30m/s가 되는 물체의 질량을 근삿값의 상대오차가 판정기준 0.05% 이하가 될 때까지 계산하여 결정하시오. 또한 반복 횟수에 대한 근사오차와 참오차를 그려보시오.

It No.	xl	xu	xr	Ea(%)	Et(%)
1	10.000	30.000	30.000	66.66667	15.10129
2	20.000	30.000	20.000	50.00000	23.26581
3	25.000	30.000	25.000	20.00000	4.08226
4	25.000	27.500	27.500	9.09091	5.50952
5	25.000	26.250	26.250	4.76190	0.71363
6	25.625	26.250	25.625	2.43902	1.68432
7	25.938	26.250	25.938	1.20482	0.48534
8	25.938	26.094	26.094	0.59880	0.11414
9	26.016	26.094	26.016	0.30030	0.18560
10	26.055	26.094	26.055	0.14993	0.03573
11	26.055	26.074	26.074	0.07491	0.03921
12	26.055	26.064	26.064	0.03747	0.00174

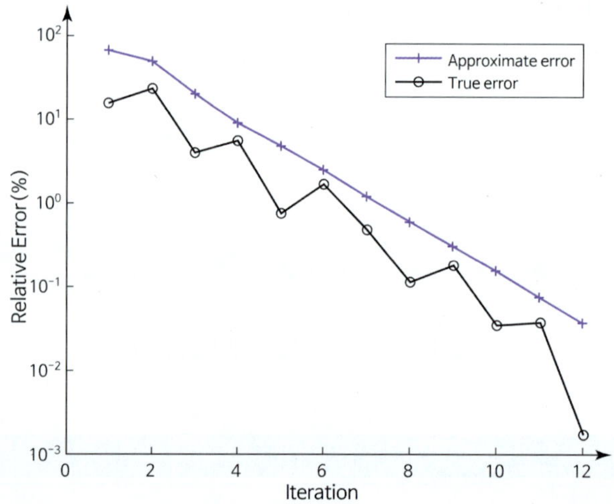

그림 2.5 이분법의 오차 추정 및 반복 계산에 따른 참오차와 근사오차의 비교

[그림 2.5]에서 알 수 있듯이 이분법에서의 참오차는 계산 과정에서 커졌다 작아졌다 반복한다. 즉, 참오차는 정의된 구간에서 어느 점이나 참근이 될 수 있기 때문이며, 참근이 구간의 중앙에 있을 때는 참오차와 근사오차의 차이는 크지만 참근이 구간의 어느 한쪽 끝에 위치해 있으면 참오차와 근사오차의 차이는 작아진다.

2.3 가위치법

이분법은 초기 구간을 반으로 나누어 가며 근을 추정하였다. 가위치법은 구간을 반으로 나누지 않고 함숫값을 직선으로 연결시켜 근을 추정한다. 즉, 상/하한 값이 연결된 직선과 x축이 만나는 점을 개선된 추정 값으로 사용한다. 따라서 함수의 형상은 새로운 근을 추정하는데 큰 영향을 준다. [그림 2.6]과 같이 두 함숫값을 직선으로 연결하여 근의 가위치(false position)를 추정한다.

$$x_r = x_u - \frac{f(x_u)(x_l - x_u)}{f(x_l) - f(x_u)}$$

if $f(x_l)f(x_r) > 0$

$x_r \to x_l$

while $f(x_l)f(x_r) \simeq 0$

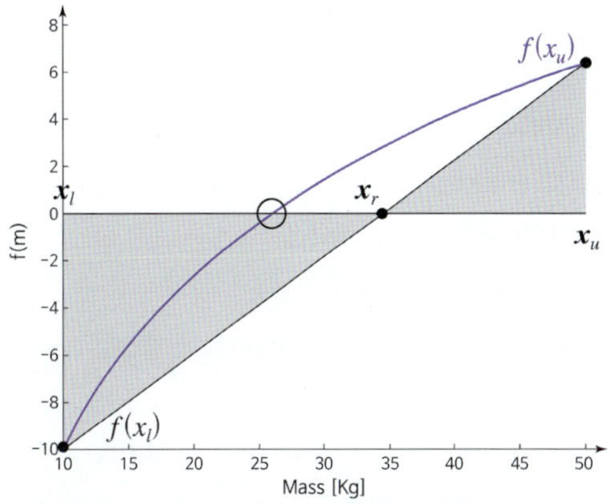

그림 2.6 가위치법을 이용하여 근을 구하는 방법

[그림 2.7]은 가위치법 수행을 위한 함수 파일이다.

```
function [root,ea,iter]=falseposition(func,xl,xu,es,maxit,varargin)
% falsepos: root location zeroes
%     [root,ea,iter]=falsepos(func,xl,xu,es,maxit,p1,p2,...):
%         uses false position to find the root of func
% input:
%     func = name of function
%     xl, xu = lower and upper guesses
%     es = desired relative error (default = 0.0001%)
```

```
%    maxit = maximum allowable iterations (default = 50)
%    p1,p2,... = additional parameters used by function
% output:
%    root = real root
%    ea = approximate relative error (%)
%    iter = number of iterations

if nargin<3,error('at least 3 input arguments required'),end
test = func(xl,varargin{:})*func(xu,varargin{:});
if test>0,error('no sign change'),end
if nargin<4|es<=0, es=0.0001;end
if nargin<5|maxit<=0, maxit=50;end
iter = 0; xr = xl;
while (1)
  xrold = xr;
  xr = (xl + xu)/2;
  fl=func(xl,varargin{:});
  fu=func(xu,varargin{:});
  xr = xu - fu*(xl - xu)/(fl - fu);
  iter = iter + 1;
  if xr ~= 0,ea = abs((xr - xrold)/xr) * 100;end
  test = fl*func(xr,varargin{:});
  if test < 0
    xu = xr;
  elseif test > 0
    xl = xr;
  else
    ea = 0;
  end
  if ea <= es | iter >= maxit,break,end
end
root = xr;
```

그림 2.7 가위치법 수행을 위한 함수 파일

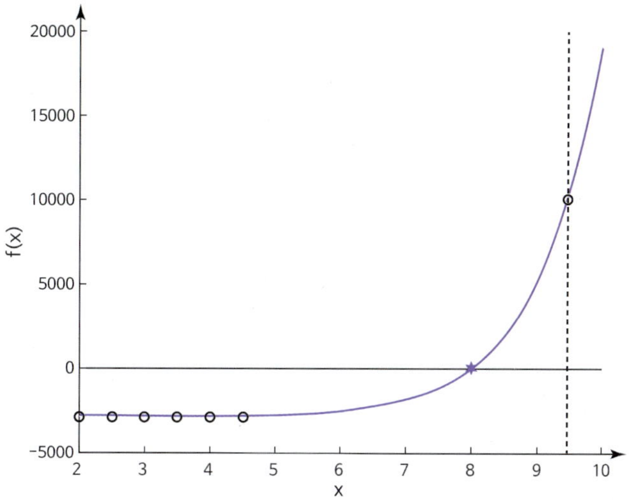

그림 2.8 **가위치법이 사용하면 느리게 수렴하는 경우**

근을 추정하는 식만 다를 뿐 이분법과 계산 과정은 동일하다. 즉, 오차가 미리 규정된 종료 판정기준(ϵ_s)보다 작을 때까지 반복적으로 계산을 수행한다. 일반적인 경우 가위치법은 이분법보다 수렴성, 즉 반복계산 횟수가 적다. 하지만 근의 값 근처에서 함숫값이 급격하게 변화하는 경우는 느리게 수렴할 수밖에 없다.

예제 2.2

예제 2.1 문제에 대해 이분법과 가위치법을 사용하여 구한 근과 반복횟수 및 상대오차를 비교하시오.

Method	iter.No.	Root	Error
Bisection	13	26.059570	0.018737
False position	7	26.075379	0.097871

2.4 Newton-Raphson법

뉴턴-랩슨법은 비선형 방정식의 근을 구하는 방법 중에서 가장 널리 사용되는 방법이다. 아래 [그림 2.9]에서 함수의 1차 도함수를 이용하여 개선된 근을 추정할 수 있다. 뉴턴-랩슨법은 초깃값을 효과적으로 가정한다면 앞서 살펴본 이분법이나 가위치법보다 빠른 수렴성을 보장한다.

$$
\begin{aligned}
f'(x_i) &= \frac{f(x_i) - 0}{x_i - x_{i+1}} \\
x_{i+1} &= x_i - \frac{f(x_i)}{f'(x_i)}
\end{aligned}
\tag{2.5}
$$

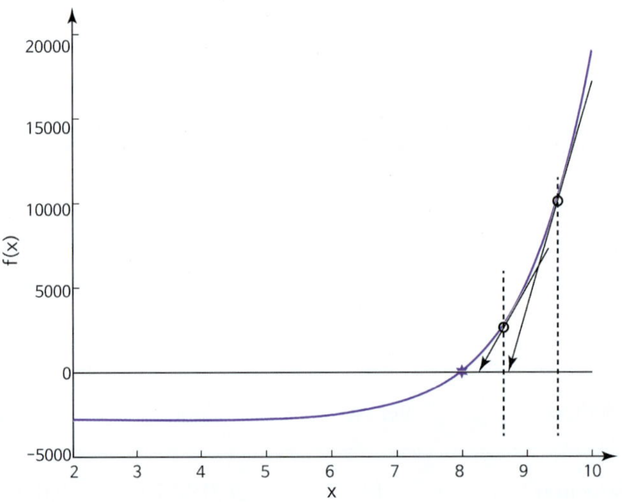

그림 2.9 뉴턴-랩슨법을 이용하여 근을 구하는 방법

하지만 이 방법은 함수의 특성을 잘 고려해야 하며 특수한 함수에 대해서는 느리게 수렴하는 경우가 발생할 수 있다. 예를 들어, [그림 2.10]과 같은 경우는 추정 값이 진동하거나 해로부터 멀어질 수 있음을 명심해야 한다. [그림 2.11]은 뉴턴-랩슨법 수행을 위한 함수 파일이다.

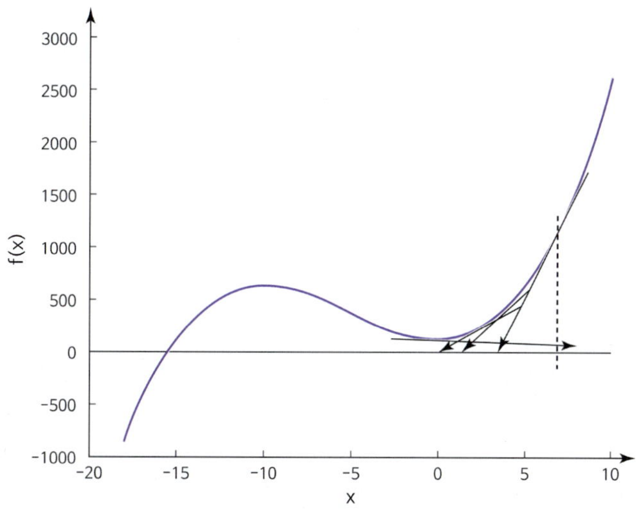

그림 2.10 뉴턴-랩슨법이 수렴하지 않은 함수들의 예

```
function [root,ea,iter]=newtonraphson(func,dfunc,xr,es,maxit,varargin)
% newtraph: Newton-Raphson root location zeroes
%   [root,ea,iter]=newtraph(func,dfunc,xr,es,maxit,p1,p2,...):
%           uses Newton-Raphson method to find the root of func
% input:
%   func = name of function
%   dfunc = name of derivative of function
%   xr = initial guess
%   es = desired relative error (default = 0.0001%)
%   maxit = maximum allowable iterations (default = 50)
%   p1,p2,... = additional parameters used by function
% output:
%   root = real root
%   ea = approximate relative error (%)
%   iter = number of iterations

if nargin<3,error('at least 3 input arguments required'),end
if nargin<4|isempty(es),es=0.0001;end
if nargin<5|isempty(maxit),maxit=50;end
iter = 0;
while (1)
  xrold = xr;
  xr = xr - func(xr)/dfunc(xr);
  iter = iter + 1;
  if xr ~= 0, ea = abs((xr - xrold)/xr) * 100; end
  if ea <= es | iter >= maxit, break, end
end
root = xr;
```

그림 2.11 뉴턴-랩슨법 수행을 위한 함수 파일

2.5 Secant법

뉴턴-랩슨법을 사용하기 위해서는 함수의 도함수를 구할 수 있어야 한다. 하지만 어떤 함수들은 도함수를 계산하는 것이 어려울 수도 있다. 이러한 경우 도함수는 앞서 제1장에서 살펴본 유한차분(finite difference)법을 이용하여 다음과 같이 근사 시킬 수 있다.

$$
\begin{aligned}
f'(x_i) &= \frac{f(x_{i-1}) - f(x_i)}{x_{i-1} - x_i} \\
x_{i+1} &= x_i - \frac{f(x_i)}{f'(x_i)} \\
x_{i+1} &= x_i - \frac{f(x_i)(x_{i-1} - x_i)}{f(x_{i-1}) - f(x_i)}
\end{aligned}
\tag{2.6}
$$

위의 식에서 유도된 근의 추정 값을 사용하는 방법을 할선법(secant method)이라 한다. 할선법은 도함수가 아닌 두 개의 초깃값으로 근을 추정해 나간다. 즉, 할선법은 함수의 도함수를 계산하지 않고도 뉴턴-랩슨법과 같이 효율적으로 근을 추정할 수 있는 방법이다. 위 식 (2.6)에서의 초기 구간 값을 아래 식과 같이 변형한 수정 할선법(modified secant method)을 사용하여 사용할 수도 있다. 이때 변동량 δ를 적절하게 선택하는 것이 중요하며, 너무 작은 값은 반올림오차의 증가를 유발할 수도 있다. [그림 2.12]는 할선법 수행을 위한 함수 파일이다.

$$
\begin{aligned}
x_{i-1} - x_i &= \delta x_i \\
x_{i-1} &= x_i + \delta x_i \\
f'(x_i) &\cong \frac{f(x_i + \delta x_i) - f(x_i)}{\delta x_i} \\
x_{i+1} &= x_i - \frac{\delta x_i f(x_i)}{f(x_i + \delta x_i) - f(x_i)}
\end{aligned}
\tag{2.7}
$$

```
function root = modsecant(func,xr,delta,es,maxit)
% modsec(func,xr,delta,es,maxit):
%    uses the modified secant method
%    to find the root of a function
% input:
%    func = name of function
%    xr = initial guess
%    delta = perturbation fraction
%    es = (optional) stopping criterion (%)
%    maxit = (optional) maximum allowable iterations
% output:
%    root = real root
% if necessary, assign default values
if nargin<5, maxit=50; end       %if maxit blank set to 50
if nargin<4, es=0.001; end       %if es blank set to 0.001
if nargin<3, delta=1E-5; end     %if delta blank set to 0.00001
% Secant method
iter = 0;
while (1)
  xrold = xr;
  xr = xr - delta*xr*func(xr)/(func(xr+delta*xr)-func(xr));
  iter = iter + 1;
  if xr ~= 0, ea = abs((xr - xrold)/xr) * 100; end
  if ea <= es | iter >= maxit, break, end
end
root = xr;
```

그림 2.12 할선법 수행을 위한 함수 파일

예제 2.3

예제 2.1 문제를 뉴턴-랩슨법과 할선법 및 수정된 할선법(변동량을 0.01)을 사용하여 구한 근과 반복 횟수 및 상대오차를 함께 비교하시오.

Method	iter.No.	Root	Error
Bisection	13	26.059570	0.018737
False position	7	26.075379	0.097871
Secant	5	26.061981	0.029860
Modified Secant	4	26.062043	0.020305
Newton-Raphsont	4	26.062015	0.000000

연습문제

문제 2.1 고정점 반복법을 이용하여 다음 함수의 근을 구하시오($\epsilon_a \le 0.01\%$).

$$f(x) = 2\sin(\sqrt{x}) - x$$

문제 2.2 초깃값을 $t_i = 63.0$으로 가정하고, Newton-Raphson법과 수정된 Secant법($\delta = 0.001$)을 사용하여 다음 식의 근을 $\epsilon_a = 0.0001\%$까지 계산하여 출력하시오.

$$y(t) = \frac{2F}{m(\omega_0^2 - \omega^2)}\sin\left(\frac{\omega_0 + \omega}{2}t\right)\sin\left(\frac{\omega_0 + \omega}{2}t\right)$$

문제 2.3 다음은 난류 관유동에 대한 마찰계수를 나타내는 Colebrook 관계식이다. 이분법(bisection method), 가위치법(false position method) 및 할선법(secant method)을 사용하여 주어진 값에 대한 근(마찰계수)을 구하시오.

$$g(f) = \frac{1}{\sqrt{f}} + 2\log\left(\frac{\epsilon}{3.7D} + \frac{2.51}{R_e\sqrt{f}}\right) = 0$$

where, $\epsilon = 10^{-6}$, $D = 10^{-3}$, $R_e = 10^5$

먼저 해당 함수의 그래프를 그려 구간의 초기 가정 값을 적절히 선택하시오. 각 계산법은 function file로 작성하여 프로그래밍하고 동일한 초기 가정 값을 사용하여 비교하시오.

문제 2.4 문제 2.3에 대해 $10^3 \le R_e \le 10^7$인 경우에 대해 수정된 할선법(modified secant method)을 사용하여 마찰계수를 구하고 그 결과를 그리시오.

문제 2.5 반경 r인 구형 물탱크의 체적 V와 그 속에 들어있는 물의 깊이 h에 대한 관계식을 아래와 같이 표현할 수 있다. $r = 3\text{m}$인 탱크에 $V = 30\text{m}^3$인 물을 담기 위한 물의 깊이 h를 $\epsilon_a \le 0.001\%$까지 계산하시오.

$$V(h) = \pi h^2 \frac{(3r - h)}{3}$$

문제 2.6 Newton-Raphson법($x_r = 10$)을 사용하여 주어진 비선형 방정식의 양의 근을 구하고 반복 계산 횟수와 함께 출력하시오.

문제 2.7 주어진 비선형 방정식의 양의 근을 (1) Newton-Raphson법을 사용하여 구하고 (2) 최대 반복 계산 횟수, (3) 근의 값, (4) 근사 백분율 상대오차를 출력하시오.

$$f(x) = x^{10} - 1 \quad (\text{초기 가정값 } x = 0.5)$$

제 3 장

Numerical Analysis with MATLAB

선형 및 비선형 연립방정식의 수치해석

3.1 행렬

연립방정식은 행렬(matrix)과 벡터(vector)를 이용하면 관련된 개념과 해를 구하는 것이 상당히 간편해진다. 먼저 선형대수학의 기본인 행렬과 벡터에 대해 간단하게 살펴보자. 아래 식과 같이 사각형 모양으로 수(스칼라량)를 나열한 것을 행렬(matrix)이라 한다. 행렬에 포함된 수를 원소 또는 요소(element or component)라 하며 행렬의 가로줄을 행(row), 세로줄을 열(column)이라 부른다. m개의 행과 n개의 열로 이루어진 행렬을 m×n 행렬이라고 하며, 행의 수와 열의 수가 같은 행렬을 정방행렬(square matrix)이라고 부른다.

$$A = (a_{ij}) = \begin{bmatrix} a_{11} & a_{12} & \cdot & a_{1n} \\ a_{21} & a_{22} & \cdot & a_{2n} \\ \cdot & \cdot & \cdot & \cdot \\ a_{m1} & a_{m2} & \cdot & a_{mn} \end{bmatrix} \tag{3.1}$$

$m=1$인 $1 \times n$ 행렬을 n차원 행행렬(row matrix) 또는 행벡터(row vector)라고 부르며,

$$[a_1 \quad a_2 \quad \cdot \quad a_n] \tag{3.2}$$

$n=1$인 $m \times 1$ 행렬을 m차원 열행렬(column matrix) 또는 열벡터(column vector)라고 부른다.

$$\begin{bmatrix} a_1 \\ a_2 \\ \cdot \\ a_m \end{bmatrix} \tag{3.3}$$

위의 A 행렬의 행으로 이루어진 벡터들을 A의 행벡터라고 부르고, 열로 이루어진 벡

터들을 A의 열벡터라고 한다. $m \times n$ 행렬의 행과 열을 바꿔 $n \times m$ 행렬을 전치행렬(transpose matrix)이라고 한다.

$$A^T = (a_{ji}) = \begin{bmatrix} a_{11} & a_{21} & \cdot & a_{m1} \\ a_{12} & a_{22} & \cdot & a_{m2} \\ \cdot & \cdot & \cdot & \cdot \\ a_{1n} & a_{2n} & \cdot & a_{mn} \end{bmatrix} \tag{3.4}$$

$m \times n$ 행렬 A에 스칼라 c를 곱하는 연산 cA는 행렬 A의 모든 원소에 c를 곱하는 것과 같다.

$$cA = (ca_{ij}) = \begin{bmatrix} ca_{11} & ca_{12} & \cdot & ca_{1n} \\ ca_{21} & ca_{22} & \cdot & ca_{2n} \\ \cdot & \cdot & \cdot & \cdot \\ ca_{m1} & ca_{m2} & \cdot & ca_{mn} \end{bmatrix} \tag{3.5}$$

두 개의 $m \times n$ 행렬 A, B에 대한 덧셈은 같은 위치에 있는 원소들의 덧셈으로 정의한다.

$$A + B = (a_{ij} + b_{ij}) = \begin{bmatrix} a_{11}+b_{11} & a_{12}+b_{12} & \cdot & a_{1n}+b_{1n} \\ a_{21}+b_{21} & a_{22}+b_{22} & \cdot & a_{2n}+b_{2n} \\ \cdot & \cdot & \cdot & \cdot \\ a_{m1}+b_{m1} & a_{m2}+b_{m2} & \cdot & a_{mn}+b_{mn} \end{bmatrix} \tag{3.6}$$

$m \times n$ 행렬 A와 $o \times p$ 행렬 B에 대한 곱은 행렬 C로 $m \times p$ 행렬로 정의된다. 행렬의 곱 AB는 A의 열의 개수와 B의 행의 개수가 같을 때만 정의되며, 그 곱의 결과로 나온 행렬의 행의 개수는 A의 행의 개수와 같고, 열의 개수는 B의 열의 개수와 같다. 즉,

$$A \times B = C = (c_{ij}) = \sum_{k=1}^{n} a_{ik} b_{kj} \tag{3.7}$$

대각 원소가 모두 1이고 나머지 원소는 모두 0인 $n \times n$ 행렬을 단위행렬(identity matrix)이라고 부르며, I 기호로 표현한다.

$$I = \begin{bmatrix} 1 & 0 & \cdot & 0 \\ 0 & 1 & \cdot & 0 \\ \cdot & \cdot & \cdot & \cdot \\ 0 & 0 & \cdot & 1 \end{bmatrix} \tag{3.8}$$

$$AI = IA = A$$

3.2 선형 연립방정식과 행렬

많은 공학적 문제들은 방정식들이 연립되어 있는 형태로 나타나는 경우가 대부분이다. 먼저 선형적으로 표현되는 연립방정식의 해를 구하는 문제에 대해 살펴보자. n개의 미지수를 포함하는 선형 연립방정식은

$$
\begin{aligned}
a_{11}x_1 + a_{12}x_2 + a_{13}x_3 + \cdot\cdot\cdot\cdot + a_{1n}x_n = b_1 \\
a_{21}x_1 + a_{22}x_2 + a_{23}x_3 + \cdot\cdot\cdot\cdot + a_{2n}x_n = b_2 \\
a_{31}x_1 + a_{32}x_2 + a_{33}x_3 + \cdot\cdot\cdot\cdot + a_{3n}x_n = b_3 \\
\cdot \\
\cdot \\
a_{n1}x_1 + a_{n2}x_2 + a_{n3}x_3 + \cdot\cdot\cdot\cdot + a_{nn}x_n = b_n
\end{aligned} \tag{3.9}
$$

다음과 같은 행렬식으로 표현할 수 있고, 결국 연립방정식의 해는 계수행렬(A)의 역행렬을 구할 수 있다면 계산이 가능하다.

$$
\begin{bmatrix} a_{11} & a_{12} & a_{13} & \cdot & a_{1n} \\ a_{21} & a_{22} & a_{23} & \cdot & a_{2n} \\ a_{31} & a_{32} & a_{23} & \cdot & a_{3n} \\ \cdot & \cdot & \cdot & \cdot & \cdot \\ a_{n1} & a_{n2} & a_{23} & \cdot & a_{nn} \end{bmatrix} \begin{bmatrix} x_1 \\ x_2 \\ x_3 \\ \cdot \\ x_n \end{bmatrix} = \begin{bmatrix} b_1 \\ b_2 \\ b_3 \\ \cdot \\ b_n \end{bmatrix} \tag{3.10}
$$

$$
\begin{aligned}
[A^{-1}][A]\{x\} = [A^{-1}]\{b\} \\
\{x\} = [A^{-1}]\{b\}
\end{aligned} \tag{3.11}
$$

미지수(열, n)보다 방정식(행, m)의 수가 많은 경우, 즉 $m > n$일 때 그 시스템은 과도결정 시스템(over-determined system)이라고 부르며, 이는 m개의 데이터를 n개의 계수를 갖는 방정식으로 표시해야 하며, 이는 최소제곱 회귀분석(regression)에 해당한다. 반대로 미지수보다 방정식의 수가 작은 경우($m < n$)를 부족결정시스템(under-determined system)이라 부르며, 이는 수치적 최적화 문제와 관련된다. 이들 문제에 대해서는 제4장에서 살펴보기로 한다. 제3장에서는 먼저 위와 같은 선형 연립방정식의 해를 구하는 문제에 대해 살펴보자.

3.3 Gauss 소거법

연립방정식의 해를 구하는 가장 기본적인 방법은 하나의 미지수만을 갖도록 특정 미지수를 순차적으로 소거한 후 차례로 대입하여 값을 계산하는 것이다. 이처럼 미지수를 소거하고 역으로 대입하는 Gauss 소거법에 대해 살펴보자. 처음 단계는 계수행렬을 위삼각행렬(upper triangular matrix)의 형태가 되도록 전진소거(forward elimination)해 주는 것이다. 먼저 두 번째에서 n번째 방정식까지 첫 번째 미지수인 x_1을 아래와 같이 소거한다. 이 과정에서 소거의 기준이 되는 첫 번째 방정식을 피벗(pivot) 방정식이라 하고 a_{11}을 피벗 원소라 한다.

$$\begin{bmatrix} a_{11} & a_{12} & a_{13} & \cdot & a_{1n} \\ a_{21} & a_{22} & a_{23} & \cdot & a_{2n} \\ a_{31} & a_{32} & a_{23} & \cdot & a_{3n} \\ \cdot & \cdot & \cdot & \cdot & \cdot \\ a_{n1} & a_{n2} & a_{23} & \cdot & a_{nn} \end{bmatrix} \begin{bmatrix} x_1 \\ x_2 \\ x_3 \\ \cdot \\ x_n \end{bmatrix} = \begin{bmatrix} b_1 \\ b_2 \\ b_3 \\ \cdot \\ b_n \end{bmatrix} \tag{3.12}$$

$$\begin{aligned} - \left| \begin{aligned} a_{21}x_1 + a_{22}x_2 + a_{23}x_3 + \cdots + a_{2n}x_n) &= b_2 \\ \frac{a_{21}}{a_{11}}(a_{11}x_1 + a_{12}x_2 + a_{13}x_3 + \cdots + a_{1n}x_n) &= \frac{a_{21}}{a_{11}}b_1 \end{aligned} \right. \\ = \left(a_{22} - \frac{a_{21}}{a_{11}}a_{12}\right)x_2 + \left(a_{23} - \frac{a_{21}}{a_{11}}a_{13}\right)x_3 + \cdots + \left(a_{2n} - \frac{a_{21}}{a_{11}}a_{1n}\right)x_n = b_2 - \frac{a_{21}}{a_{11}}b_1 \\ = a_{22}'x_2 + a_{23}'x_3 + \cdots + a_{2n}'x_n = b_2' \end{aligned} \tag{3.13}$$

같은 과정을 나머지 방정식들에 대해서도 반복해서 수행하여 아래와 같이 확대행렬을 위삼각행렬의 형태가 되도록 전진소거(forward elimination)해 준다. 먼저 두 번째에서 n번째 방정식까지 첫 번째 미지수인 x_1을 아래와 같이 소거한다.

$$
\begin{aligned}
a_{11}x_1 + a_{12}x_2 + a_{13}x_3 + \cdots + a_{1n}x_n &= b_1 \\
a'_{22}x_2 + a'_{23}x_3 + \cdots + a'_{2n}x_n &= b'_2 \\
a'_{32}x_2 + a'_{33}x_3 + \cdots + a'_{3n}x_n &= b'_3 \\
\\
a'_{n2}x_2 + a'_{n3}x_3 + \cdots + a'_{n}) &= b'_n
\end{aligned}
\tag{3.14}
$$

이후 순차적으로 계수행렬이 위삼각행렬의 형태가 되도록 n번째 방정식까지 수행을 반복하면 아래와 같이 최종 연립방정식은 위삼각행렬의 형태로 변형된다.

$$
\begin{aligned}
a_{11}x_1 + a_{12}x_2 + a_{13}x_3 + \cdots + a_{1n}x_n &= b_1 \\
a'_{22}x_2 + a'_{23}x_3 + \cdots + a'_{2n}x_n &= b'_2 \\
a''_{33}x_3 + \cdots + a''_{3n}x_n &= b''_3 \\
\\
a_{nn}^{n-1} x_n b_n^{n-1}
\end{aligned}
\tag{3.15}
$$

위삼각행렬의 형태로 변형된 방정식을 이용하여 후진대입(backward substitution)하면 x_n부터 순차적으로 해를 구할 수 있다.

$$
\begin{aligned}
x_n &= \frac{b_n^{n-1}}{a_{nn}^{n-1}} \\
x_i &= \frac{b_n^{i-1} - \sum_{j=i+1}^{n} a_{ij}^{i-1} x_j}{a_{nn}^{i-1}}
\end{aligned}
\tag{3.16}
$$

여기서 $i = n-1,\ n-2,\ \cdots,\ 1$이다.

Gauss 소거법의 계산 절차는 먼저 대수방정식의 확대행렬(augmented matrix)를 구성하여 위삼각행렬이 되도록 전진소거(forward elimination)하고, 마지막 방정식에서부터 차례로 후진대입(backward substitution)하여 해를 구한다. [그림 3.1]은 Gauss 소거법 수행을 위한 함수 파일이다.

```
function x = Gauss(A,b)
% Gauss elimination
%    x = Gauss(A,b): Gauss elimination without pivoting.
% input:
%    A = coefficient matrix
%    b = right hand side vector
% output:
%    x = solution vector

[m,n] = size(A);
if m~=n, error('Matrix A must be square'); end
nb = n+1;
Aug = [A b];

% forward elimination
for k = 1:n-1
  for i = k+1:n
    factor = Aug(i,k)/Aug(k,k);
    Aug(i,k:nb) = Aug(i,k:nb)-factor*Aug(k,k:nb);
  end
end

% back substitution
x = zeros(n,1);
x(n) = Aug(n,nb)/Aug(n,n);
for i = n-1:-1:1
  x(i) = (Aug(i,nb)-Aug(i,i+1:n)*x(i+1:n))/Aug(i,i);
end
```

그림 3.1 Gauss 소거법 수행을 위한 함수 파일

Gauss 소거법을 이용한 연립방정식의 해를 구하는 계산 시간은 결국 전진소거와 후진 대입에 사용되는 사칙연산 수행 시간과 같다. 덧셈, 뺄셈과 곱셈, 나눗셈의 연산 시간이 같다(math coprocessors를 사용하는 컴퓨터의 경우 거의 같음)면 연산 알고리즘이 얼마나 경제적인가에 따라 전체 계산 시간이 정해진다고 할 수 있다. Gauss 소거법에 사용되는

연산 횟수를 살펴보자.

먼저 계산 프로그램의 for 루프 내부에서 factor를 계산하기 위해 나눗셈이 한 번씩 수행된다. 그 다음 곱셈과 뺄셈이 수행되며 여기서 포함되는 열은 2번째에서부터 nb번째까지이다. $nb = n + 1$이기 때문에 2에서 nb까지는 모두 n번의 곱셈과 뺄셈이 수행된다. 한 번의 나눗셈까지 합치면 내부 루프를 매번 반복할 때마다 모두 $n + 1$번의 곱셈과 나눗셈, n번의 덧셈과 뺄셈이 행해진다. 외부 루프의 처음 과정에서는 총 $(n-1)(n+1)$의 곱셈과 나눗셈 그리고 $(n-1)n$번의 덧셈과 뺄셈 연산이 수행된다. 먼저 연산 횟수를 산출하는 몇 가지 순열식에 대해 살펴보자.

$$\begin{aligned} &\sum_{i=1}^{n} 1 = 1 + 1 + 1 + \cdots + 1 = n \\ &\sum_{i=k}^{n} 1 = 1 + 1 + 1 + \cdots + 1 = n - k + 1 \end{aligned} \tag{3.17}$$

$$\begin{aligned} &\sum_{i=1}^{n} i = 1 + 2 + 3 + \cdots + n = \frac{n(n+1)}{2} = \frac{n^2}{2} + O(n) \\ &\sum_{i=1}^{n} i^2 = 1^2 + 2^2 + 3^2 + \cdots + n^2 = \frac{n(n+1)(2n+1)}{6} = \frac{n^3}{3} + O(n^2) \end{aligned} \tag{3.18}$$

전진소거 과정에서 사용된 덧셈과 뺄셈의 연산 횟수는 다음과 같이 표현할 수 있다.

$$\sum_{k=1}^{n-1} (n-k)(n+1-k) = \sum_{k=1}^{n-1} \left[n(n+1) - k(2n+1) + k^2 \right] \tag{3.19}$$

$$n(n+1) \sum_{k=1}^{n-1} 1 - (2n+1) \sum_{k=1}^{n-1} k + \sum_{k=1}^{n-1} k^2 \tag{3.20}$$

$$\left[n^3 + O(n) \right] - \left[n^3 + O(n^2) \right] + \left[\frac{n^2}{3} + O(n^2) \right] = \frac{n^2}{3} + O(n) \tag{3.21}$$

또한 전진소거 과정에서 사용된 곱셈과 나눗셈의 연산 횟수도 다음과 같이 표현할 수 있다.

$$[n^3 + O(n^2)] - [n^3 + O(n)] + \left[\frac{n^2}{3} + O(n^2)\right] = \frac{n^2}{3} + O(n^2) \tag{3.22}$$

따라서 전진소거 과정에서 사용된 전체 연산 횟수는 다음과 같다.

$$\frac{2n^3}{3} + O(n^2) \tag{3.23}$$

결과적으로 소거를 위해 소요되는 연산 횟수는 미지수의 개수 n의 세제곱에 비례함을 알 수 있다. 다음으로 후진대입에는 하나의 루프가 사용되며, 덧셈과 나눗셈의 연산 횟수는 $n(n-1)/2$가 사용되고, 루프에 들어가기 전 추가 나눗셈이 수행되므로 곱셈과 나눗셈의 연산 횟수는 $n(n+1)/2$가 된다. 따라서 후진대입에 사용되는 연산 횟수는 다음과 같다.

$$n^2 + O(n) \tag{3.24}$$

결과적으로 Gauss 소거법을 이용한 연립방정식의 해를 구하는 데 필요한 전체 연산 횟수는 다음과 같이 표현된다.

$$\frac{2n^3}{3} + O(n^2) + n^2 + O(n) \cong \frac{2n^3}{3} + O(n^2) \tag{3.25}$$

즉, 연립방정식의 크기가 커질수록 연산 시간은 급격하게 증가하며, 대부분의 연산 시간은 소거 단계에서 발생됨을 알 수 있다. 따라서 이 방법을 개선하기 위해서는 계수행렬을 위삼각행렬로 만들어 주는 전진소거 단계에 대한 계산과정을 개선해야 한다.

예를 들어, 아래와 같은 연립방정식을 생각해 보자.

$$
\begin{aligned}
2x_2 + 2x_3 &= 10 \\
3x_1 + 4x_2 + 2x_3 &= 8 \\
6x_1 + 2x_2 + x_3 &= 6
\end{aligned}
\tag{3.26}
$$

연립방정식의 행과 열의 순서를 바꾸어도 전체 시스템에 대한 특성에는 변화가 없기 때문에 아래와 같이 계수행렬이 재배열되도록 해주면 전진소거를 위한 연산 횟수를 줄일 수 있다.

$$
\begin{aligned}
6x_1 + 2x_2 + x_3 &= 6 \\
3x_1 + 4x_2 + 2x_3 &= 8 \\
2x_2 + 2x_3 &= 10
\end{aligned}
\tag{3.27}
$$

$$
\begin{bmatrix} 6 & 2 & 1 \\ 3 & 4 & 2 \\ 0 & 2 & 2 \end{bmatrix}
\begin{bmatrix} x_1 \\ x_2 \\ x_3 \end{bmatrix}
=
\begin{bmatrix} 6 \\ 8 \\ 10 \end{bmatrix}
\tag{3.28}
$$

또한, 이와 같이 각각의 행을 정규화하기 전에 피벗 원소가 속한 열에서 피벗 원소 이후의 계수들 중에서 절댓값이 가장 큰 것을 찾아 재배열하면 유리하다. 그리고 그 계수가 속한 행의 위치를 바꾸어 가장 큰 원소가 피벗 원소가 되도록 방정식의 순서를 조절하는 것을 피벗팅(pivoting)이라 한다. 피벗팅은 방정식의 행과 열을 동시에 변경 가능하지만 일반적으로 열을 피벗팅하는 경우 미지수의 배열도 함께 바뀌기 때문에 프로그래밍이 더 복잡해질 수 있다는 것을 유념해야 한다.

[그림 3.2]는 피벗팅을 고려한 Gauss 소거법 수행을 위한 함수 파일이다.

```
function x = GaussPivot(A,b)
% GaussPivot: Gauss elimination pivoting
%    x = GaussPivot(A,b): Gauss elimination with pivoting.
% input:
%    A = coefficient matrix
%    b = right hand side vector
% output:
%    x = solution vector

[m,n]=size(A);
if m~=n, error('Matrix A must be square'); end
nb=n+1;
Aug=[A b];
% forward elimination
for k = 1:n-1
   % partial pivoting
   [big,i]=max(abs(Aug(k:n,k)));
   ipr=i+k-1;
   if ipr~=k
      Aug([k,ipr],:)=Aug([ipr,k],:);
   end
   for i = k+1:n
      factor=Aug(i,k)/Aug(k,k);
      Aug(i,k:nb)=Aug(i,k:nb)-factor*Aug(k,k:nb);
   end
end
% back substitution
x=zeros(n,1);
x(n)=Aug(n,nb)/Aug(n,n);
for i = n-1:-1:1
   x(i)=(Aug(i,nb)-Aug(i,i+1:n)*x(i+1:n))/Aug(i,i);
end
```

그림 3.2 피벗팅을 고려한 Gauss 소거법 수행을 위한 함수 파일

예제 3.1

주어진 연립방정식에 대해 Gauss 소거법을 이용하여 해를 구하고 전진소거와 후진대입에 사용된 연산 횟수를 비교하시오.

$$
\begin{aligned}
-3x_2 + 2x_3 &= 10 \\
3x_1 + 4x_2 + 2x_3 &= 18 \\
6x_1 + 2x_2 + 1x_3 &= 16
\end{aligned}
\tag{3.29}
$$

다음으로 아래와 같이 삼중대각 행렬을 갖는 연립방정식에 대해 생각해 보자. 직감적으로 알 수 있는 것처럼 이와 같은 행렬은 아래삼각행렬의 대부분 원소가 0이므로 전진소거를 위해 연산 수행 횟수를 훨씬 줄일 수 있다.

$$
\begin{bmatrix}
f_1 & g_1 & & & \\
e_2 & f_2 & g_2 & & \\
 & e_3 & f_3 & g_3 & \\
 & & \cdot & \cdot & g_{n-1} \\
 & & & e_n & f_n
\end{bmatrix}
\begin{bmatrix} x_1 \\ x_2 \\ x_3 \\ \cdot \\ x_n \end{bmatrix}
=
\begin{bmatrix} r_1 \\ r_2 \\ r_3 \\ \cdot \\ r_n \end{bmatrix}
\tag{3.30}
$$

Gauss 소거법과 마찬가지로 먼저 위삼각행렬로 만들어 주기 위해 아래와 같이 전진소거를 수행한다.

$$
\begin{cases}
f_2' = f_2 - \dfrac{e_2}{f_1} g_1 \\[2ex]
r_2' = r_2 - \dfrac{e_2}{f_1} r_1
\end{cases}
\qquad
\begin{cases}
f_3' = f_3 - \dfrac{e_3}{f_2'} g_2 \\[2ex]
r_3' = r_3 - \dfrac{e_3}{f_2'} r_2
\end{cases}
\tag{3.31}
$$

최종적으로 소거된 대수방정식은 아래와 같이 표현되며, 후진대입을 통해 미지수를 결정할 수 있다.

$$\begin{bmatrix} f_1 & g_1 & & & \\ 0 & f_2' & g_2 & & \\ & 0 & f_3' & g_3 & \\ & & 0 & \cdot & g_{n-1} \\ & & & 0 & f_n' \end{bmatrix} \begin{bmatrix} x_1 \\ x_2 \\ x_3 \\ \cdot \\ x_n \end{bmatrix} = \begin{bmatrix} r_1 \\ r_2' \\ r_3' \\ \cdot \\ r_n' \end{bmatrix} \tag{3.32}$$

[그림 3.3]은 삼중대각 계수행렬을 갖는 연립방정식의 해를 구하는 함수 파일이다.

```
function x = Tridiag(e,f,g,r)
% Tridiag: Tridiagonal equation solver banded system
%    x = Tridiag(e,f,g,r): Tridiagonal system solver.

% input:
%    e = subdiagonal vector
%    f = diagonal vector
%    g = superdiagonal vector
%    r = right hand side vector

% output:
%    x = solution vector

n=length(f);

% forward elimination
for k = 2:n
   factor = e(k-1)/f(k-1);
   f(k) = f(k) - factor*g(k-1);
   r(k) = r(k) - factor*r(k-1);
end

% back substitution
```

```
x(n) = r(n)/f(n);
for k =n-1:-1:1
  x(k) = (r(k)-g(k)*x(k+1))/f(k);
end
```

그림 3.3 삼중대각 행렬을 갖는 연립방정식의 해를 구하는 함수 파일

여기서는 피벗팅을 고려하지 않았으며, 일반적으로 많은 공학적 문제에 있어 삼중대각 시스템은 피벗팅이 요구되지 않는다.

3.4 LU 분해법

LU 분해법은 선형 연립방정식의 해를 구하는 가장 효율적인 방법이다. 이 방법은 Gauss 소거법의 계산 시간이 많이 소요되는 행렬 $[A]$의 소거를 우변 벡터 $\{b\}$의 조작과 분리시켜 식 (3.34)와 같이 행렬 $[A]$를 대각항의 위쪽 항들의 값이 모두 0인 아래삼각행렬 $[L]$과 아래쪽 항들의 값이 모두 0인 위삼각행렬 [U]로 분해하여 우변 벡터를 효율적으로 계산하는 방법이다. Gauss 소거법과 동일한 FLOPS(Floating-point Operations Per Second, 1초당 부동소수점(곱셈)의 명령 실행 회수)를 갖지만 우변 벡터 $\{b\}$에 대한 처리를 위한 별도의 연산을 수행할 필요가 없다.

$$\begin{aligned}[A]\{x\} &= \{b\} \\ [L][U]\{x\} &= \{b\}\end{aligned} \tag{3.33}$$

$$\begin{matrix}[A] & = & [L] & = & [U]\end{matrix}$$
$$\begin{bmatrix} a_{11} & a_{12} & a_{13} \\ a_{21} & a_{22} & a_{23} \\ a_{31} & a_{32} & a_{33} \end{bmatrix} = \begin{bmatrix} L_{11} & 0 & 0 \\ L_{21} & L_{22} & 0 \\ L_{31} & L_{32} & L_{33} \end{bmatrix} \begin{bmatrix} U_{11} & U_{12} & U_{13} \\ 0 & U_{22} & U_{23} \\ 0 & 0 & U_{33} \end{bmatrix} \tag{3.34}$$

일반적으로 아래삼각행렬 $[L]$의 대각요소를 1로 하여 계산을 수행하며, 식 (3.35)는 3×3행렬 $[A]$를 $[U]$와 $[L]$로 분해하는 과정을 보여준다. 이를 일반화하면 식 (3.36)과 같이 표현된다.

$$\begin{array}{lll} a_{11} = u_{11} & a_{12} = u_{12} & a_{13} = u_{13} \\ a_{21} = l_{21}u_{11} & a_{22} = l_{21}u_{12} + u_{22} & a_{23} = l_{21}u_{13} + u_{23} \\ l_{21} = a_{21}/u_{11} & u_{22} = a_{22} - l_{21}u_{12} & u_{23} = a_{23} - l_{21}u_{13} \\ a_{31} = l_{31}u_{11} & a_{32} = l_{31}u_{12} + l_{32}u_{22} & a_{33} = l_{31}u_{13} + l_{32}u_{23} + u_{33} \\ l_{31} = a_{31}/u_{11} & l_{32} = (a_{32} - l_{31}u_{12})/u_{22} & u_{33} = a_{33} - l_{31}u_{13} - l_{32}u_{23} \end{array} \tag{3.35}$$

$$
\begin{aligned}
&u_{1j} = a_{1j} \quad \{j = 1,\ 2,\ 3,\ \cdots,\ n\} \\
&u_{ij} = a_{ij} - \sum_{k=1}^{i-1} l_{ik} u_{kj} \quad \{j = i,\ \cdots,\ n \quad i \geq 2\} \\
&l_{i1} = \frac{a_{i1}}{u_{11}} \quad \{i = 2,\ 3,\ \cdots,\ n\} \\
&l_{ij} = \frac{1}{u_{jj}}\left(a_{ij} - \sum_{k=1}^{i-1} l_{ik} u_{kj}\right) \quad \{i = j+1,\ \cdots,\ n \quad j \geq 2\}
\end{aligned} \tag{3.36}
$$

여기서 위삼각행렬 $[U]$와 미지수 벡터 $\{x\}$의 곱을 새로운 벡터 $\{d\}$로 정의하면

$$
[U]\{x\} = \{d\} \tag{3.37}
$$

식 (3.38)과 같은 관계식을 얻을 수 있다.

$$
\begin{aligned}
&[L]([U]\{x\} - \{d\}) = 0 \\
&[L][U]\{x\} = [L]\{d\} \\
&[A]\{x\} = \{b\}
\end{aligned} \tag{3.38}
$$

결과적으로 식 (3.39)와 같이 아래삼각행렬 $[L]$을 벡터 $\{b\}$에 전진대입(forward substitution)하여 벡터 $\{d\}$를 계산하고, 위삼각행렬 $[U]$를 벡터 $\{d\}$에 후진대입(backward substitution)하면 구하고자 하는 미지수 벡터 $\{x\}$를 계산할 수 있다.

$$
\begin{aligned}
&[L]\{d\} = \{b\} \\
&[U]\{x\} = \{d\}
\end{aligned} \tag{3.39}
$$

```
function [L,U,x] = LUdesub(A,b)
% LU decomposition without pivoting
% input:
%    A = Coefficient matrix
% output:
%    L = Lower triangular matrix
%    U = Upper triangular matrix

[m,n] = size(A);
if m~=n, error('Matrix A must be square');
end
L = eye(n);
U = A;

% Forward Elimination
for k = 1:n-1
     for i = k+1:n
          L(i,k) = U(i,k)/U(k,k);
          U(i,k) = 0;
          U(i,k+1:n) = U(i,k+1:n)-L(i,k)*U(k,k+1:n);
     end
end

% forward substitution
d = zeros(n,1);
d(1)=b(1);
for i=2:n
     d(i)=(b(i)-L(i,1:i-1)*d(1:i-1))/L(i,i);
end
% back substitution
x = zeros(n,1);
x(n) = d(n)/U(n,n);
for k =n-1:-1:1
   x(k) = (d(k)-U(k,k+1:n)*x(k+1:n))/U(k,k);
end
```

그림 3.4 LU 분해법을 이용하여 연립방정식의 해를 구하는 함수 파일

MATLAB은 Matrix Laboratory에서 그 이름이 유래된 것으로도 알 수 있듯이 행렬 연산을 매우 효율적으로 처리할 수 있도록 설계되어 있는데, 역행렬을 계산하는 내장함수인 inv( )와 왼쪽 나눗셈(left division)인 백슬래시(back slash, \) 연산자를 사용하면 연립방정식의 해를 쉽게 계산할 수 있다.

예제 3.2

주어진 연립방정식을 inv( )함수와 백슬래시 연산자를 사용하여 해를 구하고 LU 분해를 사용하여 구한 결과와 비교하시오.

$$3x_1 - 0.1x_2 - 0.2x_3 = 7.85$$
$$0.1x_1 + 7x_2 - 0.3x_3 = -19.3$$
$$0.3x_1 - 0.2x_2 + 10x_3 = 71.4$$

$$\begin{bmatrix} 3 & -0.1 & -0.2 \\ 0.1 & 7 & -0.3 \\ 0.3 & -0.2 & 10 \end{bmatrix} \begin{bmatrix} x_1 \\ x_2 \\ x_3 \end{bmatrix} = \begin{bmatrix} 7.85 \\ -19.3 \\ 71.4 \end{bmatrix}$$

$$Ax = b \;\rightarrow\; x = A^{-1}b$$

```
>> A=[3 -0.1 -0.2; 0.1 7 -0.3;0.3 -0.2 10]

A =
     3.0000   -0.1000   -0.2000
     0.1000    7.0000   -0.3000
     0.3000   -0.2000   10.0000

>> b=[7.85; -19.3; 71.4]

b =
     7.8500
   -19.3000
```

```
    71.4000


>> x=inv(A)*b
x =
     3.0000
    -2.5000
     7.0000

>> x=A\b
x =
     3.0000
    -2.5000
     7.0000

>> [L,U]=lu(A)
L =
     1.0000          0          0
     0.0333     1.0000          0
     0.1000    -0.0271     1.0000
U =
     3.0000    -0.1000    -0.2000
          0     7.0033    -0.2933
          0          0    10.0120

>> d=L\b
d =
     7.8500
   -19.5617
    70.0843

>> x=U\d
x =
     3.0000
    -2.5000
     7.0000
```

3.5 비선형 연립방정식의 해

우리는 앞 절에서 선형 연립방정식의 경우 대수적인 방법을 통해 해를 구할 수 있음을 확인했다. 그렇다면 아래 식과 같은 비선형 연립방정식은 어떻게 해결할 수 있을까?

$$\begin{aligned} x_1^2 + x_1 x_2 &= 10 \\ x_2 + 3x_1 x_2^2 &= 57 \end{aligned} \tag{3.40}$$

먼저 우리는 위 연립방정식의 해는 두 곡선의 교점이라는 사실을 알고 있다. 단일 비선형 방정식의 해를 구했을 때와 같이 연립방정식도 다음과 같이 표시할 수 있다. 즉, 모든 방정식을 동시에 0이 되도록 만들어 주는 미지수의 값을 구하는 것이다. 다시 말하면 각각의 비선형 방정식을 하나의 미지수에 대해 풀고 방정식에 대입하여 수렴하는 새로운 해를 반복적으로 구하는 것이다.

$$\begin{aligned} x_1^2 + x_1 x_2 - 10 = 0 \qquad & f_1(x_1,\, x_2) = 0 \\ x_2 + 3x_1 x_2^2 - 57 = 0 \qquad & f_2(x_1,\, x_2) = 0 \end{aligned} \tag{3.41}$$

그렇다면 앞서 살펴본 단일 비선형 방정식의 해를 구하는 방법인 뉴턴-랩슨법(Newton-Raphson Method)을 이용하여 해를 구할 수 있다는 것이다.

$$\begin{aligned} f(x_{i+1}) &= f(x_i) + (x_{i+1} - x_i) f'(x_i) = 0 \\ x_{i+1} &= x_i - \frac{f(x_i)}{f'(x_i)} \end{aligned} \tag{3.42}$$

연립방정식의 경우도 같은 방법으로 유도할 수 있다. 여기서는 두 개 이상의 변수가 근의 값을 결정하는데 사용되므로 다변수에 대한 Taylor 급수전개식을 사용해야 한다.

즉, 두 변수의 경우 비선형 방정식의 Taylor 급수전개는 다음과 같다.

$$f_{1,i+1} = f_{1,i} + (x_{1,i+1} - x_{1,i})\frac{\partial f_{1,i}}{\partial x_1} + (x_{2,i+1} - x_{2,i})\frac{\partial f_{1,i}}{\partial x_2} = 0$$
$$f_{2,i+1} = f_{2,i} + (x_{1,i+1} - x_{1,i})\frac{\partial f_{2,i}}{\partial x_1} + (x_{2,i+1} - x_{2,i})\frac{\partial f_{2,i}}{\partial x_2} = 0 \tag{3.43}$$

$$\frac{\partial f_{1,i}}{\partial x_1}x_{1,i+1} + \frac{\partial f_{1,i}}{\partial x_2}x_{2,i+1} = -f_{1,i} + x_{1,i}\frac{\partial f_{1,i}}{\partial x_1} + x_{2,i}\frac{\partial f_{1,i}}{\partial x_2}$$
$$\frac{\partial f_{2,i}}{\partial x_1}x_{1,i+1} + \frac{\partial f_{2,i}}{\partial x_2}x_{2,i+1} = -f_{2,i} + x_{1,i}\frac{\partial f_{2,i}}{\partial x_1} + x_{2,i}\frac{\partial f_{2,i}}{\partial x_2} \tag{3.44}$$

따라서 추정하고자 하는 미지수에 대한 연립방정식의 형태로 표현되며, 이는 아래와 같이 대수 조작을 통해 구할 수 있다.

$$x_{1,i+1} = x_{1,i} - \frac{f_{1,i}\frac{\partial f_{2,i}}{\partial x_2} - f_{2,i}\frac{\partial f_{1,i}}{\partial x_2}}{\frac{\partial f_{1,i}}{\partial x_1}\frac{\partial f_{2,i}}{\partial x_2} - \frac{\partial f_{1,i}}{\partial x_2}\frac{\partial f_{2,i}}{\partial x_1}}$$
$$x_{2,i+1} = x_{2,i} - \frac{f_{2,i}\frac{\partial f_{1,i}}{\partial x_1} - f_{1,i}\frac{\partial f_{2,i}}{\partial x_1}}{\frac{\partial f_{1,i}}{\partial x_1}\frac{\partial f_{2,i}}{\partial x_2} - \frac{\partial f_{1,i}}{\partial x_2}\frac{\partial f_{2,i}}{\partial x_1}} \tag{3.45}$$

여기서, 식(3.45)의 분모를 Jacobian 행렬식이라 부르며, 아래와 같이 일반적인 형태로 표현할 수 있다.

$$\begin{vmatrix} \frac{\partial f_{1,i}}{\partial x_1} & \frac{\partial f_{1,i}}{\partial x_2} \\ \frac{\partial f_{2,i}}{\partial x_1} & \frac{\partial f_{2,i}}{\partial x_2} \end{vmatrix} \tag{3.46}$$

예제 3.3

주어진 비선형 연립방정식의 해를 주어진 초깃값을 사용하여 Newton-Raphson법을 통해 구하고 엄밀해와 비교하시오.

$$\begin{cases} x^2 + xy = 10 \\ y + 3xy^2 = 57 \end{cases} \qquad \begin{cases} x_i = 1.5 \\ y_i = 3.5 \end{cases}$$

$$\begin{cases} x = 2.0 \\ y = 3.0 \end{cases}$$

[그림 3.5]는 Newton-Raphson법을 사용하여 비선형 연립방정식의 해를 구하는 함수 파일이다.

```
% Newton-Raphson root zeroes nonlinear systems
%     x = vector of roots
%     f = vector of functions evaluated at roots
%     ea = approximate percent relative error (%)
%     iter = number of iterations

clc;clear;
format short

xini=[1.5; 3.5];
es=0.001;
maxit=10;
iter = 0;
x=xini;

while (1)

  f=[x(1)^2+x(1)*x(2)-10; x(2)+3*x(1)*x(2)^2-57];
```

```
  J=[2*x(1)+x(2)   x(1); 3*x(2)^2   1+6*x(1)*x(2)];

  dx=J\f;
  x=x-dx;

  iter = iter + 1;

  ea=100*max(abs(dx./x));

  if iter>=maxit|ea<=es, break, end
end

X=x(1)
Y=x(2)

f1=X^2+X*Y
f2=Y+3*X*Y^2
```

그림 3.5 Newton-Raphson법을 이용한 비선형 연립방정식의 해를 구하는 m파일

연습문제

문제 3.1 그림과 같은 질량-스프링 시스템의 운동방정식을 구하고 각 질량의 가속도가 $y''_1 = 0.9,\ y''_2 = -0.3,\ y''_3 = 0.0$일 때 이에 상응하는 변위 $y_1,\ y_2,\ y_3$를 구하시오.

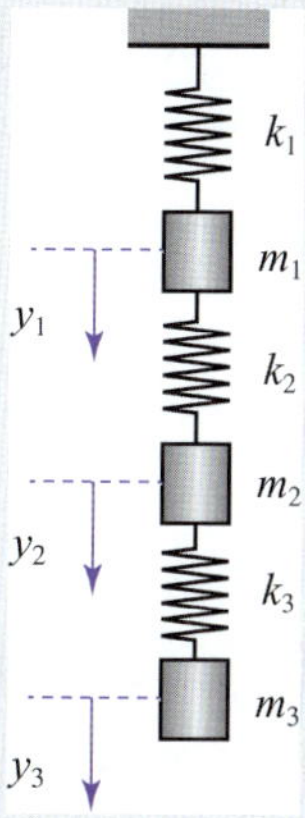

$$k_1 = 10,\ k_2 = 30,\ k_3 = 20[N/m],\ m_1 = m_2 = m_3 = 1.0[kg]$$

문제 3.2 다음 연립방정식의 해를 LU 분해법을 사용하여 구하시오.

$$\begin{cases} 3x_1 - 0.1x_2 - 0.2x_3 = 7.85 \\ 0.1x_1 + 7x_2 - 0.3x_3 = -19.3 \\ 0.3x_1 - 0.2x_2 + 10x_3 = 71.4 \end{cases}$$

문제 3.3 문제 3.2의 연립방정식을 MATLAB 내장함수 inv( )와 백슬래시 연산자를 사용하여 해를 구하시오.

문제 3.4 임의의 A, b를 입력 값으로 받아 연립방정식의 해를 LU 분해법을 사용하여 구하시오. 단, inv(A)나 백슬래시 연산자를 사용하지 마시오.

문제 3.5 삼중대각 행렬에 대한 해법을 이용하여 다음 연립방정식의 해를 구하시오.

$$\begin{bmatrix} 2.6 & 1 & 0 & 0 \\ 1 & 4.2 & 2 & 0 \\ 0 & 1 & 6.8 & 3 \\ 0 & 0 & 1 & 12.4 \end{bmatrix} \begin{Bmatrix} x_1 \\ x_2 \\ x_3 \\ x_4 \end{Bmatrix} = \begin{Bmatrix} 40.2 \\ 0.6 \\ 0.8 \\ 20.8 \end{Bmatrix}$$

문제 3.6 다음 비선형 연립방정식의 해를 구하시오.

$$\begin{cases} x^2 - 2x - y = -0.5 \\ x^2 + 4y^2 = 4 \end{cases}$$

문제 3.7 주어진 연립방정식의 피벗팅(pivoting)을 수행하고 LU 분해법을 사용하여 해를 구하고자 한다. 명령창에 다음과 같은 순서로 해당하는 결과를 출력하시오.

$$\begin{aligned} 5x_4 &= 4 \\ 2x_3 - x_4 &= 3 \\ 2x_2 + x_3 + 2x_4 &= 2 \\ x_1 + 2x_2 - 2x_3 + 6x_4 &= 1 \end{aligned}$$

(1) Augmented Matrix
(2) Pivoted Augmented Matrix
(3) L Matrix and U Matrix
(4) Solution Vector x

문제 3.8 주어진 선형 연립방정식을 LU 분해법을 사용하여 해를 구하고, 고윳값(Eigenvalues)과 고유벡터(Eigenvectors)를 구하고, 명령창에 다음과 같은 순서로 해당하는 결과를 출력하시오.

$$x + 2y + z + 6w = 6$$
$$-6x + 6y + 12z + 6w = 4$$
$$3x + 3y - 3z + 4w = -1$$
$$2x - y + z + 2w = 10$$

(1) LU 분해법으로 구한 해
(2) 고윳값(Eigenvalues)
(3) 고유벡터(Eigenvectors)

문제 3.9 주어진 비선형 연립방정식을 (1) Newton-Raphson법을 사용하여 해를 구하고, (2) 근을 대입한 함수의 값을 출력하시오.

$$y = -x^2 + x + 0.75$$
$$y + 5xy = x^2$$

제 4 장

Numerical Analysis with MATLAB

선형 및 비선형 회귀분석

Numerical Analysis with MATLAB

- 4.1 회귀분석을 위한 통계학 기본개념
- 4.2 선형 회귀분석
- 4.3 비선형 회귀분석
- 4.4 과도결정 시스템과 QR 분해법

4.1 회귀분석을 위한 통계학 기본개념

공학적 데이터들은 분포 값으로 주어지는 경우가 많은데, 이 때 분포된 데이터의 값 사이에 있는 어떤 특정 값을 알아야 할 필요가 있는 경우가 발생한다. 이 장에서는 분포된 데이터를 접합(fitting)시키는 수치적 방법에 대해 살펴보기로 한다. 접합에는 일반적으로 두 가지 방법이 있다. 첫 번째는 이산된 데이터들의 공통된 경향을 나타낼 수 있도록 오차를 최소화하여 단일 곡선으로 유도하는 것이며, 이를 회귀분석(regression)이라 한다. 또 다른 하나는 모든 데이터를 통과하는 곡선을 유도하여 데이터를 접합하는 것으로 이를 보간법(interpolation)이라 한다. 보간법에 대해서는 다음 장에서 자세히 살펴보기로 한다.

먼저 회귀분석에 사용되는 통계학적 기초개념에 대해 살펴보자. 어떤 데이터들의 경향을 나타내는 가장 일반적인 척도는 산술평균(arithmetic mean)이다. 표본 데이터의 산술평균($\bar{y}$)은 각각의 데이터 값(y_i)의 합을 데이터 개수(n)로 나눈 것으로 정의한다.

$$\bar{y} = \frac{\Sigma y_i}{n} \tag{4.1}$$

표본 데이터 분포는 평균값을 기준으로 표준편차(standard deviation, S_y)를 아래와 같이 정의할 수 있다.

$$S_y = \sqrt{\frac{S_t}{n-1}} \tag{4.2}$$

여기서 S_t는 평균값에서 데이터 값을 뺀 나머지(잔차, residual)의 제곱의 합으로 정의한다.

$$S_t = \Sigma\,(y_i - \bar{y})^2 \tag{4.3}$$

데이터 값이 평균값 주위에 넓게 분포되어 있다면, S_t의 값은 크게 되고 결과적으로 표준편차가 커진다. 반대로 데이터 값의 분포가 평균값에 밀집되어 있다면 표준편차는 작다. 표준편차의 제곱을 분산(variance)이라고 부르며 다음과 같이 정의한다.

$$\begin{aligned} S_y^2 &= \frac{\sum (y_i - \bar{y})^2}{n-1} \\ &= \frac{\sum y_i^2 - (\sum y_i)^2/n}{n-1} \end{aligned} \tag{4.4}$$

여기서, 데이터의 분산된 정도는 기준 데이터를 중심으로 얼마만큼 분산되어 있는지의 척도를 의미하기 때문에 위 식 (4.4)의 분모는 $n-1$이 된다.

평균값에 대한 표준편차의 비를 분산계수(coefficient of variation, C.V.)라 하며 이는 데이터 분포를 정량화한 분포의 정규화된 척도로서 아래와 같이 정의하여 백분율로 표현한다.

$$C_V = \frac{S_y}{\bar{y}} \times 100\% \tag{4.5}$$

공학적 데이터 중 그 값이 양과 음의 값으로 변하는 경우 평균값은 양과 음의 값이 더해져 0 또는 0에 가깝게 되기 때문에 의미가 없어진다. 이러한 경우 제곱평균제곱근(root mean square, rms) 또는 이차평균(quadratic mean)을 취하여 통계학적 특성을 나타내는 경우가 있다. 이는 유한한 값들의 급수 또는 연속적으로 변화하는 함수에 대해 모두 계산될 수 있으며, 그 명칭과 같이 값들의 제곱에 대한 산술평균의 제곱근을 의미한다.

$$\begin{aligned} y_{rms} &= \sqrt{\frac{y_1^2 + y_2^2 + y_{31}^2 + \cdots + y_n^2}{n}} \\ &= \sqrt{\overline{y^2}} \end{aligned} \tag{4.6}$$

임의 구간 $T_1 \le t \le T_2$에서 정의되는 어떤 연속함수 $f(t)$에 대한 rms 값은 다음과 같다.

$$f(t)_s = \sqrt{\frac{1}{(\Delta t)} \int_{T_1}^{T_2} f(t)^2 dt} \tag{4.7}$$

예를 들어, 진폭이 a인 sin함수의 rms 값은 $a/\sqrt{2} \cong 0.707a$이다.

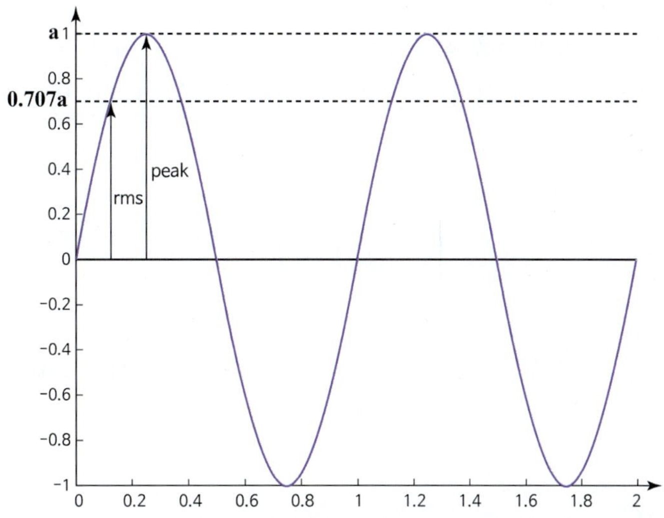

그림 4.1 sin함수의 이차평균 값

4.2 선형 회귀분석

분포되어 있는 데이터들의 공통적인 특성을 찾는 가장 좋은 방법은 이들 데이터들과 오차가 최소가 되는 최적의 선을 찾아내는 것이다. 먼저 선형 데이터들에 대한 오차를 최소화할 수 있는 방법에 대해 살펴보자. 분포된 데이터들을 가지고 만들 수 있는 직선의 식은 다음과 같다.

$$y = a + bx + e \tag{4.8}$$

여기서 e는 직선과 데이터 사이의 오차(error)이며, 이를 다시 정리하면 아래 식과 같이 표현된다.

$$e = y - a - bx \tag{4.9}$$

즉, 오차는 y의 참값과 직선(선형방정식)에 의해 예측된 값의 차이를 의미한다. 데이터에 최적 직선을 접합시키는 한 가지 방법은 주어진 모든 데이터에 대해서 오차의 합을 최소화시키는 것이다.

$$\sum_{i=1}^{n} e_i = \sum_{i=1}^{n} (y - a - bx) \tag{4.10}$$

그러나 이 방법은 두 개의 데이터 점을 직선으로 접합시키는 경우 [그림 4.2](a)에서 볼 수 있듯이 연결선의 중앙을 지나는 모든 직선의 양과 음의 오차가 상쇄되기 때문에 오차의 최솟값이 0이 되게는 하지만 전혀 다른 직선으로 표현될 수 있다는 것이다. 오차의 부호에 대한 영향을 제거하기 위해서 오차의 절댓값의 합을 최소화시킬 수도 있다.

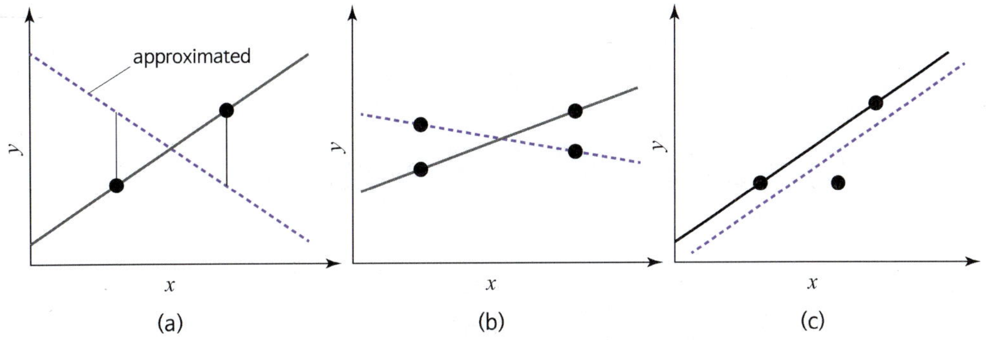

그림 4.2 회귀분석에 있어 잘못된 최적접합의 경우

$$\sum_{i=1}^{n}|e_i| = \sum_{i=1}^{n}(y - a - bx) \tag{4.11}$$

하지만 이 경우도 [그림 4.2](b)에서 볼 수 있는 것처럼 두 개의 점선 사이에 들어 가는 모든 직선들은 오차의 절댓값의 합이 최소화되기 때문에 유일하게 최적으로 접합되는 직선을 찾기 어렵다. 다음 방법으로는 데이터 점이 그 직선에서 떨어진 최대거리를 최소화시키는 것인데, 이 방법 역시 [그림 4.2](c)처럼 오차가 큰 데이터에 의한 과도한 영향을 받기 때문에 최적의 직선을 찾는 방법으로 적합하지 않다.

위에서 살펴본 방법들의 단점을 극복하고 모든 데이터들의 특성을 가장 잘 나타내 줄 수 있는 직선을 찾는 방법이 바로 오차의 제곱의 합을 최소화하는 것이다. 즉,

$$S_r = \sum_{i=1}^{n} e_i^2 = \sum_{i=1}^{n}(y_i - a - bx_i)^2 \tag{4.12}$$

이 방법을 최소제곱법(least square method)이라 부르며, 주어진 데이터들에 대해 유일한 직선을 찾을 수 있다. 오차가 최소화 되도록 하는 a와 b는 각 미지수에 대해 S_r의 미분 값이 0이 되도록 하는 것이다.

$$\frac{\partial S_r}{\partial a} = -2\sum_{i=1}^{n}(y_i - a - bx_i)$$
$$\frac{\partial S_r}{\partial b} = -2\sum_{i=1}^{n}\left[(y_i - a - bx_i)x_i\right] \tag{4.13}$$

$$\frac{\partial S_r}{\partial a} = 0 = \sum_{i=1}^{n} y_i - \sum_{i=1}^{n} a - \sum_{i=1}^{n} bx_i$$
$$\frac{\partial S_r}{\partial b} = 0 = \sum_{i=1}^{n} x_i y_i - \sum_{i=1}^{n} ax_i - \sum_{i=1}^{n} bx_i^2 \tag{4.14}$$

식 (4.14)는 아래와 같이 두 개의 미지수를 갖는 선형 연립방정식으로 표현할 수 있으며, 이 식을 정규방정식(normal equation)이라고 한다.

$$na + \left(\sum_{i=1}^{n} x_i\right)b = \sum_{i=1}^{n} y_i$$
$$\left(\sum_{i=1}^{n} x_i\right)a + \left(\sum_{i=1}^{n} x_i^2\right)b = \sum_{i=1}^{n} x_i y_i \tag{4.15}$$

앞서 살펴본 연립방정식의 해를 구하는 방법을 이용하여 미지수 b에 대해 풀면

$$b = \frac{n\sum_{i=1}^{n}(x_i y_i) - \sum_{i=1}^{n} x_i \sum_{i=1}^{n} y_i}{n\sum_{i=1}^{n} x_i^2 - \left(\sum_{i=1}^{n} x_i\right)} \tag{4.16}$$

이 결과를 식 (4.15)에 대입하면 나머지 미지수 a를 구할 수 있다.

$$na + \left(\sum_{i=1}^{n} x_i\right)b = \sum_{i=1}^{n} y_i \quad \rightarrow \quad a = \overline{y} - b\overline{x} \tag{4.17}$$

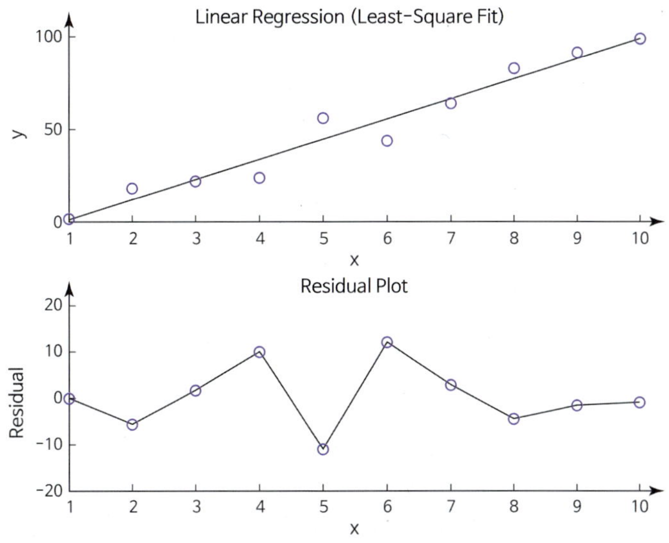

그림 4.3 최소제곱법을 이용한 선형 회귀분석

즉, 미지수 a와 b를 구하기 위해서는 각 데이터들의 평균과 합산을 이용하여 구할 수 있다.

다음으로 선형 회귀분석법의 오차를 정량화하는 방법에 대해 살펴보자. 오차의 제곱의 합과 최소제곱을 이용한 회귀분석에 대한 데이터들의 표준편차는 다음과 같이 결정할 수 있다.

$$S_r = \sum_{i=1}^{n} e_i^2 = \sum_{i=1}^{n} (y_i - a - bx_i)^2 \tag{4.18}$$

$$S_{y/x} = \sqrt{\frac{S_r}{n-2}} \tag{4.19}$$

여기서 $S_{y/x}$를 추정 값에 대한 표준오차(standard error of the estimates)라고 하며, y/x는 어떤 특정 값(x)에 대한 추정 값(y)의 오차를 의미한다. 여기서 $n-2$로 나누어준 것은 두 개 이상의 데이터가 있을 때 회귀분석이 가능하기 때문이다.

데이터들에 대한 직선의 접합 척도를 나타내기 위해 아래와 같이 식 (4.3)에서 정의된 S_t로 정규화시켜 표현하기도 한다.

$$r^2 = \frac{S_t - S_r}{S_t} \tag{4.20}$$

여기서 r^2을 결정계수(determination coefficient)라 부르며 r은 상관계수(correlation coefficient)라 부른다. 즉, $S_r = 0$인 경우, 다시 말해 $r^2 = 1$인 경우는 회귀분석에 의한 직선은 데이터들과 100% 접합되어 있음을 의미한다. 반대로 $r^2 = 0$인 경우는 데이터들이 전혀 접합되어 있지 않음을 의미한다. 여기서 상관계수는 정의된 관계식들을 이용하여 아래와 같이 표현할 수 있으며, 이를 사용하여 접합된 척도를 표현하기도 한다.

$$r = \frac{n\Sigma(x_i y_i) - \Sigma x_i \Sigma y_i}{\sqrt{n\Sigma x_i^2 - (\Sigma x_i)^2}\sqrt{n\Sigma y_i^2 - (\Sigma y_i)^2}} \tag{4.21}$$

예제 4.1

주어진 데이터를 최적접합하고 표준오차를 계산하시오.

x	1	2	3	4	5	6	7	8	9	10
y	2	18	22	24	56	44	64	82	90	100

```
function [a, r2, syx] = linregr(x,y)
% [a, r2, syx] = linregr(x,y):
%    Least squares fit of a straight line to data
%    by solving the normal equations.
% input:
%    x = independent variable
%    y = dependent variable
% output:
%    a = vector of slope, a(1), and intercept, a(2)
%    r2 = coefficient of determination
%    syx = standard error of the estimate
```

```
n = length(x);
if length(y)~=n, error('x and y must be same length'); end
x = x(:); y = y(:);      % convert to column vectors

sx = sum(x);
sy = sum(y);
sx2 = sum(x.*x);
sxy = sum(x.*y);
sy2 = sum(y.*y);

a(1) = (n*sxy-sx*sy)/(n*sx2-sx^2);
a(2) = sy/n-a(1)*sx/n;

syx=sqrt(sum((y-a(1)*x-a(2)).^2)/(n-2));

r2 = ((n*sxy-sx*sy)/sqrt(n*sx2-sx^2)/sqrt(n*sy2-sy^2))^2;
```

그림 4.4 선형 회귀분석을 위한 함수 파일

4.3 비선형 회귀분석

앞장에서는 최소제곱을 이용하여 직선의 방정식을 유도하는 방법을 살펴봤다. 그러나 [그림 4.5]와 같이 데이터 분포가 곡선인 경우 이 방법은 적절하지 못할 것이다. 이러한 경우 다항식 회귀분석(polynomial regression)을 이용하여 최적의 곡선을 찾아야 한다.

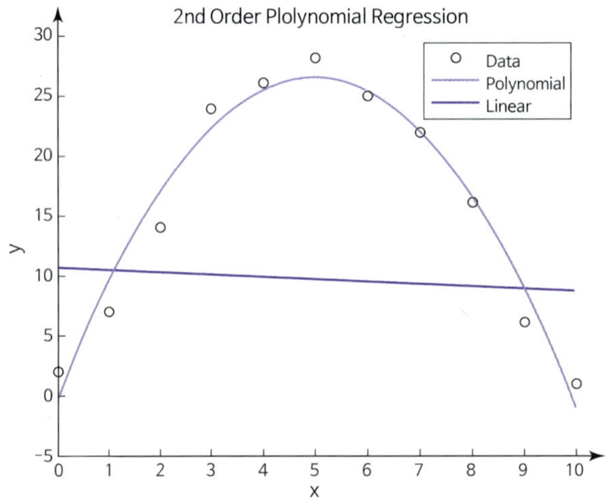

그림 4.5 선형 최소제곱과 비선형 최소제곱

먼저 2차 다항식을 이용하여 곡선을 찾는 방법에 대해 살펴보자. 선형 회귀분석과 마찬가지로 다음과 같이 2차 다항식의 기본 형태에 대해 미지수를 찾아나가면 된다.

$$y = a_0 + a_1 x + a_2 x^2 + e \tag{4.22}$$

여기서 오차의 제곱합은 다음과 같다.

$$S_r = \sum_{i=1}^{n} e_i^2 = \sum_{i=1}^{n} (y_i - a_0 - a_1 x_i - a_2 x_i^2)^2 \tag{4.23}$$

오차가 최소화 되도록 미지수에 대해 S_r의 미분 값이 0이 되도록 하면,

$$\begin{aligned} \frac{\partial S_r}{\partial a_0} &= -2\sum_{i=1}^{n}(y_i - a_0 - a_1 x_i - a_2 x_i^2) = 0 \\ \frac{\partial S_r}{\partial a_1} &= -2\sum_{i=1}^{n}x_i(y_i - a_0 - a_1 x_i - a_2 x_i^2) = 0 \\ \frac{\partial S_r}{\partial a_2} &= -2\sum_{i=1}^{n}x_i^2(y_i - a_0 - a_1 x_i - a_2 x_i^2) = 0 \end{aligned} \tag{4.24}$$

위 식은 아래와 같이 세 개의 미지수에 대한 정규방정식(normal equation)을 얻을 수 있다.

$$\begin{aligned} &na_0 + \left(\sum_{i=1}^{n}x_i\right)a_1 + \left(\sum_{i=1}^{n}x_i^2\right)a_2 = \sum_{i=1}^{n}y_i \\ &\left(\sum_{i=1}^{n}x_i\right)a_0 + \left(\sum_{i=1}^{n}x_i^2\right)a_1 + \left(\sum_{i=1}^{n}x_i^3\right)a_2 = \sum_{i=1}^{n}x_i y_i \\ &\left(\sum_{i=1}^{n}x_i^2\right)a_0 + \left(\sum_{i=1}^{n}x_i^3\right)a_1 + \left(\sum_{i=1}^{n}x_i^4\right)a_2 = \sum_{i=1}^{n}x_i^2 y_i \end{aligned} \tag{4.25}$$

선형 연립방정식의 해법을 이용하여 위 정규방정식의 해를 구할 수 있다. 같은 방법으로 m차의 고차 다항식에 대해서도 적용이 가능하다.

$$y = a_0 + a_1 x + a_2 x^2 + a_3 x^2 + \cdots + a_m x^m + e \tag{4.26}$$

이때 다항식의 계수를 결정하는 것은 $m+1$개의 선형 연립방정식의 해를 구하는 것과 같기 때문에 아래와 같이 표준편차를 결정할 수 있다.

$$S_{y/x} = \sqrt{\frac{S_r}{n-(m+1)}} \tag{4.27}$$

[그림 4.6]은 최소 제곱법을 이용한 2차 다항식 회귀분석을 위한 함수 파일이다.

```
function p = polyreg(x,y,m)
% polyreg(x,y,m):
%    Polynomial regression.
% input:
%    x = independent variable
%    y = dependent variable
%    m = order of polynomial
% output:
%    p = vector of coefficients

n = length(x);
if length(y)~=n, error('x and y must be same length'); end
for i = 1:m+1
  for j = 1:i
    k = i+j-2;
    s = 0;
    for l = 1:n
      s = s + x(l)^k;
    end
    A(i,j) = s;
    A(j,i) = s;
  end
  s = 0;
  for l = 1:n
    s = s + y(l)*x(l)^(i-1);
  end
  b(i) = s;
end
p = A\b';
```

그림 4.6 2차 다항식 회귀분석을 위한 함수 파일

예제 4.2

주어진 데이터를 1차 및 2차 다항식으로 접합하시오.

x	10	20	30	40	50	60	70	80
y	25	70	380	550	610	1220	830	1450

4.4 과도결정 시스템과 QR 분해법

앞에서 살펴본 선형 및 비선형 회귀분석법은 다음과 같이 일반적인 형태의 선형 최소 제곱이라 할 수 있다.

$$y = a_0 z_0 + a_1 z_1 + a_2 z_2 + a_3 z_3 + \cdots + a_m z_m + e \tag{4.28}$$

여기서 각 z를 기저함수(base function)라고 하며 $m+1$개를 갖는다. 선형 회귀분석 모델이라면 기저함수는 아래와 같고

$$z_0 = 1, \qquad z_m = x_m \tag{4.29}$$

비선형 회귀분석 모델이라면 기저함수는 다음과 같다.

$$z_0 = 1, \qquad z_m = x^m \tag{4.30}$$

여기서 중요한 점은 선형(linear)이라 함은 매개변수 (a)에만 종속적이라는 의미이며, 함수 자체는 다항식 회귀분석의 경우와 마찬가지로 비선형이 될 수도 있는 것이다.

기저함수가 다음과 같이 사인, 코사인 함수라고 하면 다음과 같은 다항식을 찾아내는 것과 마찬가지가 된다. 이는 푸리에 해석(Fourier analysis)의 기본이 된다.

$$y = a_0 + a_1 \cos(\omega x) + a_2 \sin(\omega x) \tag{4.31}$$

식 (4.26)을 아래와 같이 행렬로 표기하면,

$$\{y\} = [z]\{a\} + e \tag{4.32}$$

기저함수는 독립변수의 측정값에서 계산된 함수의 값으로 아래와 같다.

$$[z] = \begin{bmatrix} z_{01} & z_{11} & z_{m1} \\ z_{02} & z_{12} & z_{m2} \\ z_{03} & z_{1n} & z_{mn} \end{bmatrix} \tag{4.33}$$

여기서 m은 회귀분석 모델의 변수의 개수이고, n은 데이터 점의 수이다. 일반적으로 $n > m+1$이므로 많은 경우 기저함수의 행렬은 정방행렬이 아니다. 종속변수, 미지수와 오차는 각각 다음과 같다.

$$\begin{aligned} \{y\}^T &= [y_1, y_2, y_3, \cdots, y_n] \\ \{a\}^T &= [a_0, a_1, a_2, \cdots, a_m] \\ \{e\}^T &= [e_1, e_2, e_3, \cdots, e_n] \end{aligned} \tag{4.34}$$

이에 대한 오차의 제곱 합은 다음과 같다.

$$S_r = \sum_{i=1}^{n} \left(y_i - \sum_{j=0}^{m} a_i z_{ij} \right)^2 \tag{4.35}$$

앞에서와 마찬가지로 각 계수에 대한 편미분을 구하고, 그 값이 0이 되도록 하여 미지수를 구할 수 있으며 최종적으로 표현되는 정규방정식은 다음과 같다.

$$\left[[z]^T [z] \right] \{a\} = \left\{ [z]^T \{y\} \right\} \tag{4.36}$$

정규방정식이 정방행렬이 아닌 경우 앞선 살펴본 LU 분해법으로 해를 구하는 것은 불가능하다. 이 경우 QR 분해법(QR decomposition)을 사용한다. 계수행렬 $A(m \times n,\ m \neq n)$가 정방행렬이 아닌 경우를 고려해 보자.

5×3 행렬 A를 다음과 같이 QR 분해하여 표현한다.

$$A = QR$$

$$\begin{bmatrix} a_{11} & a_{12} & a_{13} \\ a_{21} & a_{22} & a_{23} \\ a_{31} & a_{32} & a_{33} \\ a_{41} & a_{42} & a_{43} \\ a_{51} & a_{52} & a_{53} \end{bmatrix} = \begin{bmatrix} Q_{11} & Q_{12} & Q_{13} & Q_{14} & Q_{15} \\ Q_{21} & Q_{22} & Q_{23} & Q_{24} & Q_{25} \\ Q_{31} & Q_{32} & Q_{33} & Q_{34} & Q_{35} \\ Q_{41} & Q_{42} & Q_{43} & Q_{44} & Q_{45} \\ Q_{51} & Q_{52} & Q_{53} & Q_{54} & Q_{55} \end{bmatrix} \begin{bmatrix} R_{11} & R_{12} & R_{13} \\ 0 & R_{22} & R_{23} \\ 0 & 0 & R_{33} \\ 0 & 0 & 0 \\ 0 & 0 & 0 \end{bmatrix} \tag{4.37}$$

여기서, Q는 5×5직교행렬(orthogonal matrix, $Q^T = Q^{-1}$)이며, R은 5×3인 윗삼각행렬이다. 분해된 계수행렬은 다음과 같은 대수적 조작을 통해 최종적으로 R 행렬을 이용한 후진대입(back substitution)을 통해 미지수를 계산한다.

$$\begin{aligned} &A = QR \\ &QRx = b \\ &QQ^TRx = Q^Tb \\ &Rx = Q^Tb \end{aligned} \tag{4.38}$$

예를 들어, 데이터 (1, 0.9), (2, 2.1), (3, 2.9)를 $y = ax + b$로 접합시키는 경우를 생각해 보자.

$$\begin{bmatrix} 1 & 1 \\ 2 & 1 \\ 3 & 1 \end{bmatrix} \begin{bmatrix} a \\ b \end{bmatrix} = \begin{bmatrix} 0.9 \\ 2.1 \\ 2.9 \end{bmatrix}$$

위의 행렬식은 과도결정(over-determined) 시스템이다. 이런 경우 QR 분해법을 사용하여 해를 구하게 되는데, MATLAB 내장함수(위에서 설명된 QR 분해법을 이용한)를 이용하여 다음과 같이 계산할 수 있다.

$$y = ax + b = x - 0.0333$$

```
>> A=[1 1;2 1;3 1]
A =
     1     1
     2     1
     3     1
>> r=[0.9;2.1;2.9]
r =
    0.9000
    2.1000
    2.9000

>> [Q,R]=qr(A)
Q =
    0.2673    0.8729   -0.4082
    0.5345    0.2182    0.8165
    0.8018   -0.4364   -0.4082
R =
    3.7417    1.6036
         0    0.6547
         0         0

>> Q.'
ans =
    0.2673    0.5345    0.8018
    0.8729    0.2182   -0.4364
   -0.4082    0.8165   -0.4082

>> Q.'*r
ans =
    3.6882
   -0.0218
    0.1633

>> R\(Q.'*r)
ans =
    1.0000
   -0.0333
```

연습문제

문제 4.1 주어진 함수들의 그래프를 그리고, rms 값을 구하시오. 여기서 a는 진폭, t는 시간, f는 주파수를 의미한다.

Constant

$$f_1 = 2$$

Square wave $(a = 1.5)$

$$f_2 = \begin{cases} a & \{ft\} < 0.5 \\ -a & \{ft\} > 0.5 \end{cases}$$

Triangle wave $(a = 2)$

$$f_3 = |2a\{ft\} - a|$$

Sawtooth wave $(a = 3)$

$$f_4 = 2a\{ft\} - a$$

문제 4.2 주어진 데이터를 최소제곱 선형 회귀분석을 통해 직선을 찾고 표준오차와 결정계수를 구하시오.

X	1	2	3	4	5	6	7	8	9	10
Y	2	18	22	24	56	44	64	82	90	100

문제 4.3 주어진 데이터를 2차 다항식 회귀분석을 통해 곡선의 방정식 구하고, 그래프를 그리시오.

X	−3	−2	−1	0	2	3	4
Y	3.0	2.0	0.8	0.5	1.0	2.0	3.8

문제 4.4 주어진 데이터를 최소제곱(least-square) 2차 다항식으로 접합하고, 추정 값의 표준오차($S_{y/x}$)와 결정계수(r^2)를 구하시오.

X	−4	−3	−2	−1	0	1	2	3
Y	3	12	15	19.5	21	19	17	10

문제 4.5 주어진 데이터를 다항식 회귀분석(polyreg.m)을 사용하여 1차, 2차, 3차식으로 접합시켜 그래프를 그리고, 명령창에 표준오차와 결정계수를 출력하시오.

X	1	2	3	4	5	6	7
Y	15	3	5	20	28	32	43

문제 4.6 위 문제의 데이터를 MATLAB 내장함수 polyfit( )과 polyval( )을 사용하여 2차 다항식으로 접합시키고, $y(10)$의 값을 계산하여 출력하시오.

문제 4.7 주어진 데이터는 대전의 월평균 최고 및 최저 기온이다. (1) 3차 다항식으로 회귀분석하고 (2) 결정계수, (3) 데이터와 함께 그림으로 출력하시오.

Month		1	2	3	4	5	6	7	8	9	10	11	12
T [℃]	Max	4	6	12	19	24	28	30	30	26	21	13	6
	Min	−8	−5	−1	5	11	17	21	21	15	7	1	5

제 5 장

Numerical Analysis with MATLAB

보간법과 스플라인

Numerical Analysis with MATLAB

5.1 다항식 보간법

제4장에서는 분포된 데이터들의 공통된 경향을 나타낼 수 있도록 오차를 최소화하여 단일 직선 또는 곡선으로 유도하는 회귀분석법(regression)에 대해 살펴봤다. 제5장에서는 모든 데이터를 연결하고 데이터의 중간 값을 추정하는 보간법(interpolation)에 대해 살펴보자. 보간법의 가장 보편적인 방법이 다항식 보간법(polynomial interpolation)이며, n개의 데이터 점들이 있을 경우 모든 점을 지나는 $n-1$차 다항식은 유일하게 존재한다.

$$f(x) = a_1 + a_2 x + a_3 x^2 + \cdots + a_n x^{n-1} \tag{5.1}$$

예를 들어, 두 개의 데이터 점을 지나는 연결선은 직선으로 유일하게 결정되며, 세 개의 데이터 점을 지나는 연결선은 단 하나의 포물선으로 결정된다. 즉, 다항식 보간법은 n개의 데이터 점들을 모두 지나는 유일한 $n-1$차 다항식을 유도하는 것이다.

식 (5.1)의 계수를 결정하기 위해서는 n개의 데이터 점들이 필요하며 n개의 선형대수 방정식을 풀어 계수를 구한다. 예를 들어, 3개의 데이터 점들을 이용하여 알 수 있는 2차 다항식은 아래와 같은 선형대수방정식으로 구성된다.

$$\begin{bmatrix} 1 & x_1 & x_1^2 \\ 1 & x_2 & x_2^2 \\ 1 & x_3 & x_3^2 \end{bmatrix} \begin{bmatrix} a_1 \\ a_2 \\ a_3 \end{bmatrix} = \begin{bmatrix} f(x_1) \\ f(x_2) \\ f(x_3) \end{bmatrix} \tag{5.2}$$

하지만 많은 경우 선형대수방정식은 데이터 분포에 따라 불량조건을 가질 수 있으며, 연립방정식의 수가 많아질수록 더욱 나빠지게 된다. 제5장에서는 다항식 접합의 가장 기본적인 방법인 Newton 보간법과 Lagrange 보간법에 대해 살펴보기로 한다.

5.2 Newton 보간법

가장 간단한 보간법은 데이터 점을 직선으로 연결해 나가는 것이다. 이를 Newton 선형 보간법이라고 한다. [그림 5.1]의 두 데이터 점을 직선으로 연결하고 삼각형의 닮은꼴 관계를 이용하여 식 (5.3)과 같이 직선의 관계식을 찾아 낼 수 있다. 즉, 선형 보간법은 두 데이터를 이용하여 차례로 직선으로 연결해 나가는 것이다.

$$\frac{f_1(x)-f(x_1)}{x-x_1}=\frac{f(x_2)-f(x_1)}{x_2-x_1}$$
$$f_1(x)=f(x_1)+\frac{f(x_2)-f(x_1)}{x_2-x_1}(x-x_1) \tag{5.3}$$

위 식을 Newton 선형(1차) 보간 공식이라 하며, 두 점 사이의 직선이 1차 도함수를 이용하여 표현되는 것을 알 수 있다. 하지만 [그림 5.1]에서도 볼 수 있는 것처럼 선형 보간 공식을 통해 직선으로 근사 시킬 때 오차가 발생하며, 이러한 추정 값에 대한 오차는 데이터를 직선이 아닌 곡선으로 근사 시키면 줄일 수 있다.

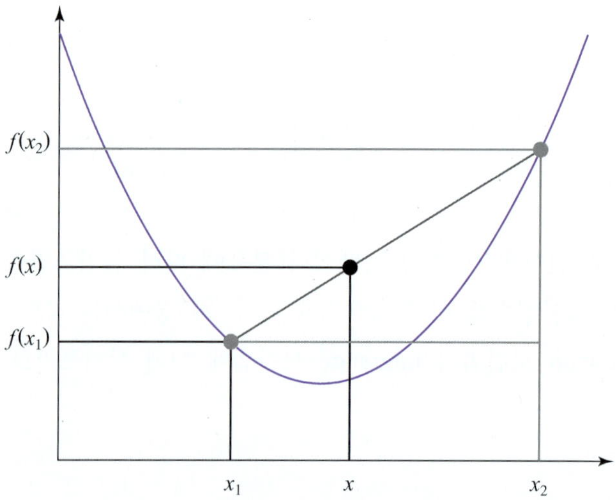

그림 5.1 Newton 선형 보간법

2차 다항식을 이용하여 표현하고, 각 계수 값을 계산하면

$$f_2(x) = a_1 + a_2(x - x_1) + a_3(x - x_1)(x - x_2)$$

$$\begin{aligned} a_1 &= f_2(x_1) \\ a_2 &= \frac{f(x_2) - f(x_1)}{x_2 - x_1} \\ a_3 &= \frac{\dfrac{f(x_3) - f(x_2)}{x_3 - x_2} - \dfrac{f(x_2) - f(x_1)}{x_2 - x_1}}{x_3 - x_1} \end{aligned} \tag{5.4}$$

여기서 a_1은 시작점의 함숫값($f(x_1)$)을 나타내며, a_2는 x_1과 x_2 사이의 직선의 기울기를 나타낸다. 마지막 항인 a_3는 2차 곡률과 같다.

예제 5.1

2차 다항식을 이용하여 $y = x^2 \times \log(x)$를 세 점($x = 1, 5, 10$)을 가지고 접합시키시고, $dx = 1$마다 함숫값을 추정하시오.

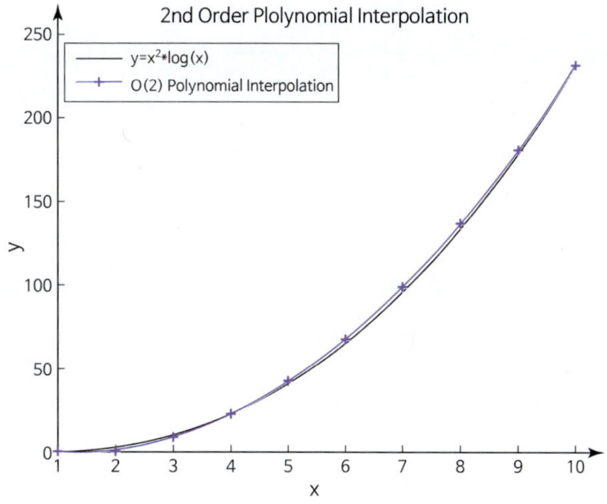

그림 5.2 Newton 2차 보간법을 이용한 곡선 접합

위에서 살펴본 다항식 보간법은 보다 일반적인 형태로 정리할 수 있다. 먼저 n개의 데이터 점에 $n-1$차 다항식으로 접합시킨다고 하면,

$$f_{n-1}(x) = a_1 + a_2(x-x_1) + \cdots + a_n(x-x_1)(x-x_2)\cdots(x-x_n)$$

$$\begin{aligned}
a_1 &= f_2(x_1) \\
a_2 &= \frac{f(x_2)-f(x_1)}{x_2-x_1} = f[x_2, x_1] \\
a_3 &= \frac{\dfrac{f(x_3)-f(x_2)}{x_3-x_2} - \dfrac{f(x_2)-f(x_1)}{x_2-x_1}}{x_3-x_1} = f[x_3, x_2, x_1] \\
a_n &= f[x_n, \cdots, x_3, x_2, x_1]
\end{aligned} \tag{5.5}$$

여기서 미지수 계산에 포함되는 각각의 유한차분식은 다음과 일반적인 형태로 정의할 수 있으며, 일률적이고 체계적으로 계산됨을 알 수 있다. 이때 계산에 사용되는 데이터들은 등 간격일 필요는 없다.

$$\begin{aligned}
f[x_i, x_j] &= \frac{f(x_i)-f(x_j)}{x_i-x_j} \\
f[x_i, x_j, x_k] &= \frac{f[x_i, x_j]-f[x_j, x_k]}{x_i-x_k} \\
f[x_n, \cdots, x_3, x_2, x_1] &= \frac{f[x_n, \cdots, x_2]-f[x_{n-1}, \cdots, x_1]}{x_n-x_1}
\end{aligned} \tag{5.6}$$

[그림 5.3]은 Newton 보간법에 대한 함수 파일이다. 첫 단계는 유한차분을 계산하고 그 값을 저장하여 다음 차수의 차분에 사용하는 것이다.

```
function yint = Newtint(x,y,xx)
% Newtint: Newton interpolating polynomial
% yint = Newtint(x,y,xx): Uses an (n - 1)-order Newton
%   interpolating polynomial based on n data points (x, y)
%   to determine a value of the dependent variable (yint)
%   at a given value of the independent variable, xx.
% input:
%   x = independent variable
%   y = dependent variable
%   xx = value of independent variable at which
%        interpolation is calculated
% output:
%   yint = interpolated value of dependent variable
 % compute the finite divided differences in the form of a
% difference table

n = length(x);
if length(y)~=n, error('x and y must be same length'); end
b = zeros(n,n);
 % assign dependent variables to the first column of b.
b(:,1) = y(:);  % the (:) ensures that y is a column vector.

for j = 2:n
  for i = 1:n-j+1
    b(i,j) = (b(i+1,j-1)-b(i,j-1))/(x(i+j-1)-x(i));
  end
end
% use the finite divided differences to interpolate
xt = 1;
yint = b(1,1);
for j = 1:n-1
  xt = xt*(xx-x(j));
  yint = yint+b(1,j+1)*xt;
end
```

그림 5.3 Newton 보간법 함수 파일

5.3 Lagrange 보간법

Newton 보간법에서 발생되는 오차를 개선하기 위한 방법으로 직선으로 연결하고자 하는 두 값에 가중계수(weighting coefficient)를 적용하여 보간 다항식을 만들 수 있다. 이러한 방법을 Lagrange 보간법(Lagrange interpolation)이라고 한다. 두 점을 연결하는 직선에 가중계수 L을 곱하여 표현하면 다음과 같다.

$$
\begin{aligned}
&f(x) = L_1 f(x_1) + L_2 f(x_2) \\
&L_1 = \frac{x - x_2}{x_1 - x_2} \\
&L_2 = \frac{x - x_1}{x_2 - x_1} \\
&f_1(x) = L_1 f(x_1) + L_2 f(x_2)
\end{aligned}
\tag{5.7}
$$

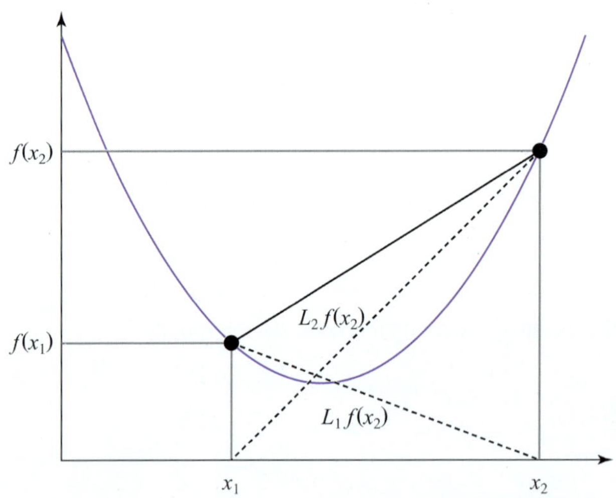

그림 5.4 Lagrange 보간 다항식의 개념 및 가중계수

위에서 살펴본 직선 연결을 위한 Lagrange 보간 다항식을 확장한 세 점을 지나는 곡선에 대한 식은 다음과 같다. 여기서 곡선은 세 점 중 한 점을 지나고 나머지 두 점에서는

0이다.

$$f_2(x) = \frac{(x-x_2)(x-x_3)}{(x_1-x_2)(x_1-x_3)}f(x_1) + \frac{(x-x_1)(x-x_3)}{(x_2-x_1)(x_2-x_3)}f(x_2) + \frac{(x-x_1)(x-x_2)}{(x_3-x_1)(x_3-x_2)}f(x_3) \quad (5.8)$$

즉, x_1에서는 $f(x_1)$과 같고, x_2, x_3에서는 0의 값을 갖는다. 1차 및 2차 Lagrange 다항식을 기본으로 하여 고차 다항식에 대해서는 다음과 같이 일반화된 식으로 표현할 수 있다.

$$f_{n-1}(x) = \sum_{i=1}^{n} L_i(x) f(x_i) \quad (5.9)$$

여기서 $L_i(x)$는 식 (5.8)의 계수를 의미한다. [그림 5.5]는 Lagrange 보간법에 대한 함수 파일이다.

```
function yint = Lagrange(x,y,xx)
% Lagrange: Lagrange interpolating polynomial
%   yint = Lagrange(x,y,xx): Uses an (n - 1)-order
%     Lagrange interpolating polynomial based on n data points
%     to determine a value of the dependent variable (yint) at
%     a given value of the independent variable, xx.
% input:
%   x = independent variable
%   y = dependent variable
%   xx = value of independent variable at which the
%        interpolation is calculated
% output:
```

```
%    yint = interpolated value of dependent variable

n = length(x);
if length(y)~=n, error('x and y must be same length'); end
s = 0;
for i = 1:n
  product = y(i);
  for j = 1:n
    if i ~= j
      product = product*(xx-x(j))/(x(i)-x(j));
    end
  end
  s = s+product;
end
yint = s;
```

그림 5.5 Lagrange 보간법 함수 파일

예제 5.2

예제 5.1에 대해 Newton 보간법과 Lagrange 보간법을 이용하여 계산하고 결과를 비교하시오.

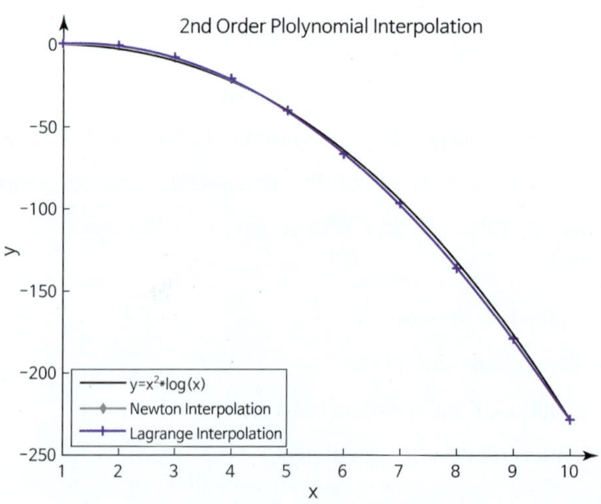

그림 5.6 Newton 보간법과 Lagrange 보간법

5.4 외삽법

데이터 분석과정에서 주어진 기본 데이터의 범위 밖에 놓여있는 값을 계산하는 것을 외삽법(extrapolation)이라 한다. 보간법을 통해 찾아낸 곡선을 알려진 범위 밖으로 확장하여 미지수를 예측하는 것이다. 하지만 추정된 곡선을 바탕으로 예측된 값은 [그림 5.7]과 같이 실제 값과 전혀 다른 값을 줄 수 있기 때문에 매우 주의해야 한다.

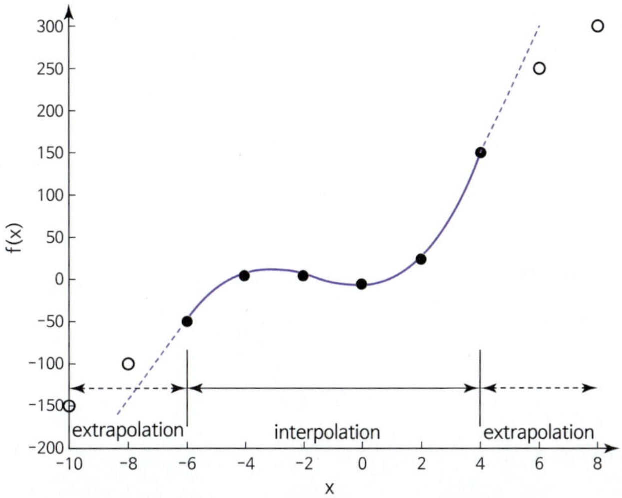

그림 5.7 외삽법과 추정 값의 오류

대부분 경우 정확한 데이터 분석을 위해서는 데이터 수가 많은 것이 유리하지만, 다항식 보간법에서는 고차 다항식이 항상 정확한 값을 주는 것은 아니다. 즉, 고차 다항식은 반올림오차에 아주 민감하기 때문에 불량조건이 되기 쉽다. 예를 들어, 다음의 Runge 함수를 고려해 보자.

$$f(x) = \frac{1}{1+25x^2} \tag{5.10}$$

Runge 함수를 고차 다항식으로 접합시켜 보자. MATLAB의 내장함수 polyfit(x, y,

n)은 n차 다항식의 계수를 찾아주며 polyval(p, x)는 polyfit을 통해 계산된 계수를 가지고 주어진 점에 대한 함숫값을 계산한다. 여기서 주의해야 할 것은 polyfit 함수는 아래 식과 같이 내림차순의 형태로 계산을 수행한다는 것이다.

$$y = p_1 x^n + p_2 x^{n-1} + \cdots + p_n x^n + p_{n+1} \tag{5.11}$$

두 내장함수를 이용하여 5차 및 10차 다항식으로 Runge 함수를 접합시켜 보자.

```
clc;
x6=linspace(-1,1,6);
y6=1./(1+25*x6.^2);

x11=linspace(-1,1,11);
y11=1./(1+25*x11.^2);

xx=linspace(-1,1);
yr=1./(1+25*xx.^2);

p5=polyfit(x6,y6,5);
y5=polyval(p5,xx);

p10=polyfit(x11,y11,10);
y10=polyval(p10,xx);

plot(xx,yr,'-k',x6,y6,'ro',x11,y11,'bs',xx,y5,'-r',xx,y10,'-b','Linewidth',2)
h = legend('Runge function','6 Data','11 Data','O(5)','O(10)',2);
grid on
```

[그림 5.8]에서 볼 수 있는 것처럼 5차 및 10차 다항식으로 Runge 함수를 접합시킬 때 많은 오차가 발생함을 알 수 있다. 특히 고차 식으로 접합시킬수록 구간의 양 끝에서 더욱 나빠지게 되며, 이런 현상을 추정 값의 진동이라고 한다. 따라서 고차 다항식을 사용할 경우 이러한 진동 문제에 주의해야 한다.

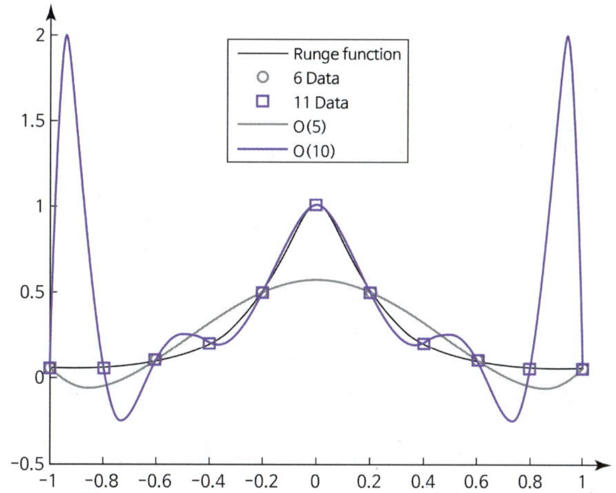

그림 5.8 Runge 함수에 대한 5차 및 10차 다항식 접합

5.5 스플라인 보간법

위에서 살펴본 것처럼 고차 다항식은 구간의 끝에서 진동하기 때문에 잘못된 결과를 초래한다. 이러한 문제를 해결하기 위한 방법은 소규모 데이터 점들을 부분적으로 접합시키는 것이다. 소 구간별 데이터를 다항식으로 접합시키는 것을 스플라인 보간법(spline interpolation)이라 한다. 스플라인은 일련의 분포된 점들을 연결하는 곡선을 그리기 위해 사용되는 얇고 유연한 도구를 일컫는 말이다. 직접 손으로 제도를 하던 시기에는 스플라인을 사용하여 구간별 곡선을 그려 연결한 것에서 유래되었다.

먼저 n개의 데이터, 즉 $n-1$개의 구간을 직선으로 연결하는 선형 스플라인 방법에 대해 생각해 보자. [그림 5.10]과 같이 두 점을 구간으로 하여 직선으로 연결한다면 구간에 대한 직선의 식은 다음과 같이 표현된다.

$$s_i(x)= a_i + b_i(x - x_i)$$

$$a_i = f_i$$

$$b_i = \frac{f_{i+1} - f_i}{x_{i+1} - x_i} \tag{5.12}$$

$$s_i(x)= f_i + \frac{f_{i+1} - f_i}{x_{i+1} - x_i}(x - x_i)$$

즉, 선형 스플라인의 경우 각 구간에서 보간 값은 절편 값과 두 점의 기울기를 사용한다. 이는 앞에서 살펴본 Newton의 1차 다항식과 동일함을 알 수 있다.

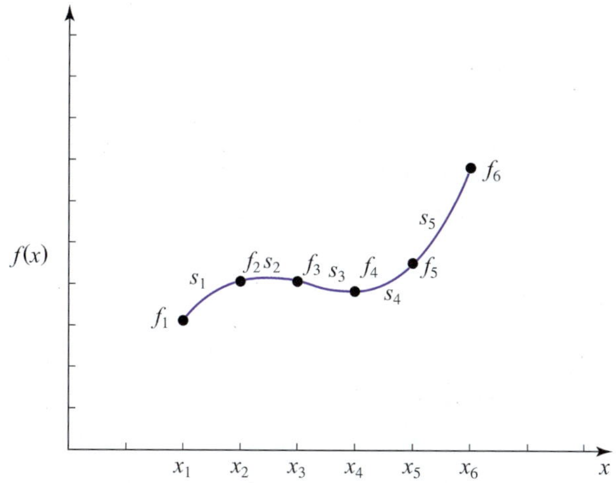

그림 5.9 구간별 선형 스플라인(spline)

예제 5.3

주어진 데이터를 1차 스플라인 다항식으로 접합시키시고, $x = 17$, 65에서의 값을 구하시오.

x	0	10	20	30	40	50	60	70	80	90	100
y	1.2	2.0	1.2	1.0	0.9	0.4	0.6	0.6	0.5	0.3	0.4

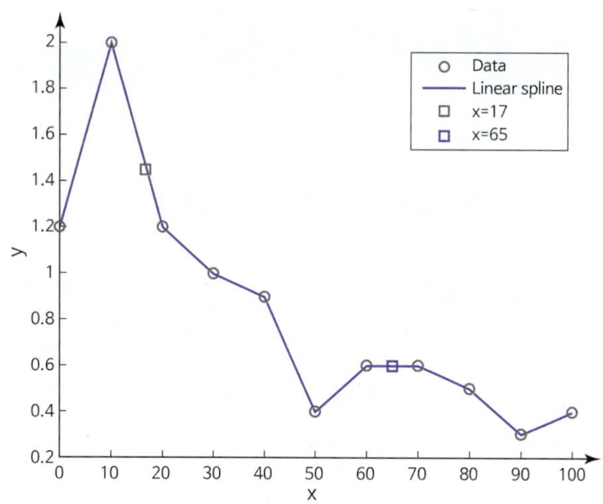

그림 5.10 선형 스플라인을 위한 함수 파일이다.

```
function yint = linearspline(x, y, xx)
% TableLook(x, y, xx):
%    Uses a binary search to locate the desired value of the
%    independent variable (xx) in the vector of the given
%    independent variables (x). Once this is done, linear
%    interpolation is used to determine the value of the
%    dependent variable (yint).
% input:
%    x = independent variable
%    y = dependent variable
%    xx = value of independent variable at which interpolation
%          is calculated
% output:
%    yint = interpolated value of dependent variable

n=length(x);
if xx < x(1) | xx > x(n),error('Interpolation outside range'),end
% sequential search
i = 1;
while(1)
  if xx <= x(i + 1), break, end
  i = i + 1;
end
% linear interpolation
yint = y(i) + (y(i + 1) - y(i)) / (x(i + 1) - x(i)) * (xx - x(i));
```

그림 5.11 선형 스플라인 함수 파일

1차 스플라인은 데이터들을 직선으로 연결한다. 따라서 두 개의 스플라인이 만나는 절점에서는 기울기가 급격하게 변하게 되며 이 점에서 함수의 1차 도함수는 불연속일 수밖에 없다. 이러한 단점을 보완하기 위해 절점에서 도함수의 값을 일치시켜 부드러운 곡선으로 처리하는 고차 다항식 스플라인을 사용한다. 일반적으로 3차 다항식 스플라인을 가장 많이 사용하며, 앞서 보간법에서도 살펴본 바와 같이 고차 다항식이 항상 좋은 결과를 주는 것은 아니기 때문에 3차 이상의 스플라인은 유용하게 사용되지 않는다. 3차 다항식 스플라인에 앞서 2차 다항식 스플라인에 대해 살펴보자. 2차 스플라인은 구간에서 2차 다항식을 유도하는 것이므로 각 구간에서 다음과 같이 2차 식으로 표현한다.

$$s_i(x) = a_i + b_i(x - x_i) + c_i(x - x_i)^2 \tag{5.13}$$

여기서 n개의 데이터와 $n-1$개의 구간이 있기 때문에 $3(n-1)$개의 미지상수들을 결정해야 한다. 따라서 미지수를 결정하기 위해서는 $3(n-1)$개의 방정식이 또는 조건이 필요하다.

먼저 2차 다항식이 만족해야 할 조건에 대해 알아보자.

1) 함수는 모든 점을 통과해야 하며 이를 연속조건(continuity condition)이라 한다. 즉, 각 2차 다항식에서 상수항은 구간의 시작점에서의 함숫값과 일치해야 한다. 따라서 이 조건을 적용하면 $2(n-1)$개의 조건이 필요하게 된다.

$$\begin{aligned} &a_i = f_i(x) \\ &s_i(x) = f_i + b_i(x - x_i) + c_i(x - x_i)^2 \end{aligned} \tag{5.14}$$

2) 인접 구간에 대한 다항식의 함숫값은 절점에서 동일해야 한다. 즉, 절점 $i+1$에서 다음 관계식을 만족해야 한다.

$$\begin{aligned} &f_i + b_i(x_{i+1} - x_i) + c_i(x_{i+1} - x_i)^2 \\ &= f_{i+1} + b_{i+1}(x_{i+1} - x_{i+1}) + c_{i+1}(x_{i+1} - x_{i+1})^2 \\ &\therefore f_i + b_i(x_{i+1} - x_i) + c_i(x_{i+1} - x_i)^2 = f_{i+1} \end{aligned} \tag{5.15}$$

이것은 $n-1$개의 조건에 해당하여 $2(n-1) - (n-1) = n-1$개의 조건만이 남는다.

3) 2차 다항식의 내부 절점에서 1차 도함수는 같아야 한다. 즉, 인접하는 스플라인의 1차 도함수가 같기 때문에 절점에서 부드럽게 연결된다. 위 조건은 다음과 같이 쓸 수 있다.

$$s_i'(x) = b_i + 2c_i(x - x_i)$$
$$b_i + 2c_i(x - x_i) = b_{i+1} \tag{5.16}$$

이는 또한 $n-2$개의 조건에 해당하며, 따라서 $(n-1)-(n-2)=1$개의 조건이 남게 된다.

4) 마지막 조건으로, 제일 처음 점에서의 2차 도함수를 0이라고 가정하자. 즉, 처음 두 점은 직선으로 연결함을 의미하며, 이를 적용하면 다음과 같은 마지막 조건을 만들 수 있다.

$$c_1 = 0 \tag{5.17}$$

위에서 살펴본 조건을 아래 표에서 주어진 4개의 데이터에 대해 2차 스플라인으로 접합시키는 과정에 적용시켜 보자.

x	3	4.5	7.0	9.0
y	2.5	1.0	2.5	0.5

주어진 4개의 데이터는 3개의 소 구간을 가지고 있으며, 따라서 미지수를 결정하기 위해서는 총 9개의 조건이 필요하다. 위에서 살펴본 연속조건과 2차 도함수가 0인 조건을 적용하면 5개의 조건이 필요하다. 즉, 5개 조건에 해당하는 함수의 관계식은 다음과 같다.

$$\begin{cases} f_1 + b_1 h_1 = f_2 \\ f_2 + b_2 h_2 + c_2 h_2^2 = f_3 \\ f_3 + b_3 h_3 + c_3 h_3^2 = f_4 \\ b_1 = b_2 \\ b_2 + 2c_2 h_2 = b_3 \end{cases} \tag{5.18}$$
$$h_i = (x_{i+1} - x_i)$$

여기서 필요한 함숫값과 구간의 폭은 다음과 같이 계산된다.

$$\begin{cases} f_1 = 2.5 \\ f_2 = 1.0 \\ f_3 = 2.5 \\ f_4 = 0.5 \end{cases} \quad \begin{cases} h_1 = 4.5 - 3.0 = 1.5 \\ h_2 = 7.0 - 4.5 = 2.5 \\ h_3 = 9.0 - 7.0 = 2.0 \end{cases} \tag{5.19}$$

이 값들을 식 (5.18)에 대입하고 대수방정식의 형태로 표현하면 다음과 같다.

$$\begin{bmatrix} 1.5 & 0 & 0 & 0 & 0 \\ 0 & 2.5 & 6.25 & 0 & 0 \\ 0 & 0 & 0 & 2 & 4 \\ 1 & -1 & 0 & 0 & 0 \\ 0 & 1 & 5 & -1 & 0 \end{bmatrix} \begin{Bmatrix} b_1 \\ b_2 \\ c_2 \\ b_3 \\ c_3 \end{Bmatrix} = \begin{Bmatrix} -1.5 \\ 1.5 \\ -2.0 \\ 0 \\ 0 \end{Bmatrix} \tag{5.20}$$

위 대수방정식의 해는

$$\begin{cases} b_1 = -1.0 \\ b_2 = -1.0 \\ b_3 = 2.2 \end{cases} \quad \begin{cases} c_2 = 0.64 \\ c_3 = -1.6 \end{cases} \tag{5.21}$$

따라서 3개 구간에 대한 2차 스플라인 다항식은 다음과 같이 정리된다.

$$\begin{aligned} s_1(x) &= 2.5 - (x-3) \\ s_2(x) &= 1.0 - (x-4.5) + 0.64(x-4.5)^2 \\ s_3(x) &= 2.5 + 2.2(x-7.0) - 1.6(x-7.0)^2 \end{aligned} \tag{5.22}$$

위에서 설명한 것과 같이 2차 스플라인의 경우 첫 구간에서는 직선으로 연결한다는 것과 마지막 구간에서는 진동이 크게 발생할 수 있다는 것이다. 이러한 단점을 보완한 것이 3차 스플라인 또는 큐빅스플라인(cubic spline)이다. 3차 스플라인은 실제 가장 많이 사용되는 방법이며 3차 이상의 고차 스플라인의 경우 불안정성으로 인해 거의 사용하지 않는다. 그러면 2차 스플라인 다항식을 구하는 절차를 3차식으로 확대해 보자.

$$s_i(x) = a_i + b_i(x - x_i) + c_i(x - x_i)^2 + d_i(x - x_i)^3 \tag{5.23}$$

여기서 n개의 데이터와 $n-1$개의 구간이 있기 때문에 $4(n-1)$개의 미지상수들을 결정해야 한다. 따라서 미지수를 결정하기 위해서는 $4(n-1)$개의 방정식 또는 조건이 필요하다.

1) 먼저 앞서 살펴본 2차 스플라인에서 사용한 동일한 연속조건(continuity condition)을 사용한다.
2) 절점에서 1차 및 2차 도함수가 일치해야 한다.
3) 추가적으로 필요한 2개의 조건은 첫 번째와 마지막 절점에서 특별한 조건을 가정하여 결정한다. 가장 대표적인 방법으로 자연스플라인(natural spline), 고정조건 스플라인(clamped condition spline)과 비절점스플라인(not-a-knot condition)이 있다.

먼저 자연스플라인(natural spline)은 첫 번째와 마지막 절점에서 2차 도함수를 0으로 가정하는 것이다. 이는 가장 일반적인 방법으로 끝점에서 함수가 직선이 되는 특징이 있다. 끝단조건을 살펴보기 앞서 3차 스플라인 다항식을 유도해 보자.

$$\begin{aligned} &a_i = f_i(x) \\ &s_i(x) = f_i + b_i(x - x_i) + c_i(x - x_i)^2 + d_i(x - x_i)^3 \end{aligned} \tag{5.24}$$

2차 다항식과 마찬가지로 3차식은 절점에서 동일한 값을 가져야 한다. 즉, 절점 $i+1$에서 아래와 같이 표현된다.

$$\begin{aligned} &h_i = x_{i+1} - x_i \\ &f_i + b_i h_i + c_i h_i^2 + d_i h_i^3 = f_{i+1} \end{aligned} \tag{5.25}$$

또한 내부 절점에서 1차 도함수 및 2차 도함수가 같아야 한다. 따라서

$$\begin{cases} s_i'(x) = b_i + 2c_i(x - x_i) + 3d_i(x - x_i)^2 \\ b_i + 2c_ih_i + 3d_ih_i^2 = b_{i+1} \end{cases}$$

$$\begin{cases} s_i''(x) = 2c_i + 6d_ih_i \\ c_i + 3d_ih_i = c_{i+1} \\ d_i = \dfrac{c_{i+1} - c_i}{3h_i} \end{cases} \tag{5.26}$$

위 식을 식 (5.25)와 (5.26)에 대입하면 다음과 같이 표현된다.

$$f_i + b_ih_i + \frac{h_i^2}{3}(2c_i + c_{i+1}) = f_{i+1}$$

$$b_{i+1} = b_i + h_i(c_i + c_{i+1})$$

$$\begin{cases} b_i = \dfrac{f_{i+1} - f_i}{h_i} - \dfrac{h_i}{3}(2c_i + c_{i+1}) \\ b_{i-1} = \dfrac{f_i - f_{i-1}}{h_{i-1}} - \dfrac{h_{i-1}}{3}(2c_{i-1} + c_i) \end{cases} \tag{5.27}$$

$$\therefore b_i = b_{i-1} + h_{i-1}(c_{i-1} + c_i)$$

위 식을 다시 정리하면 다음과 같다.

$$h_{i-1}c_{i-1} + 2(h_{i-1} - h_i)c_i + h_ic_{i+1} = 3\left(\frac{f_{i+1} - f_i}{h_i}\right) - \frac{h_i}{3}\left(\frac{f_i - f_{i-1}}{h_{i-1}}\right) \tag{5.28}$$

위 식의 우변은 다음과 같이 유한차분으로 표시하면 더 간략한 식으로 표현된다.

$$\begin{aligned} & f[x_i, x_j] = \left(\frac{f_i - f_j}{x_i - x_j}\right) \\ & h_{i-1}c_{i-1} + 2(h_{i-1} - h_i)c_i + h_ic_{i+1} = 3(f[x_{i+1}, x_i] - f[x_i, x_{i-1}]) \end{aligned} \tag{5.29}$$

위 식 (5.29)는 두 번째 절점에서부터 $n-2$ 절점까지 쓸 수 있으며, 이는 $n-1$개의 미지수 $c_1, c_2, c_3, \cdots, c_{n-1}$을 갖는 $n-3$개의 삼중대각 연립방정식으로 정리된다. 따라서 두 개의 추가 조건이 주어진다면 미지수에 대한 해를 구할 수 있다.

여기서 앞서 설명한 바와 같이 끝점에 대한 여러 조건을 고려할 수 있다. 가장 일반적인 방법 중 하나가 끝단에서 2차 도함수를 0으로 가정하는 자연 끝단조건(natural end condition)을 가정하는 것이다. 즉, 시작과 끝점에서 직선이 되도록 하는 것이다.

$$
\begin{aligned}
&s_1''(x_1) = 0 = 2c_1 + 6d_1(x_1 - x_1) \ \rightarrow \ c_1 = 0 \\
&s_{n-1}''(x_n) = 0 = 2c_{n-1} + 6d_{n-1}h_{n-1} \ \rightarrow \ c_{n-1} + 3d_{n-1}h_{n-1} = c_n = 0
\end{aligned}
\tag{5.30}
$$

따라서 식 (5.29)는 다음과 같은 선형대수방정식으로 정리된다.

$$
\begin{bmatrix}
1 & 0 & 0 & 0 & 0 & 0 \\
h_1 & 2(h_1+h_2) & h_2 & 0 & 0 & 0 \\
0 & h_2 & 2(h_2+h_3) & h_3 & 0 & 0 \\
0 & 0 & \cdot & \cdot & \cdot & 0 \\
0 & 0 & 0 & h_{n-2} & 2(h_{n-2}+h_{n-1}) & h_{n-1} \\
0 & 0 & 0 & 0 & 0 & 1
\end{bmatrix}
\begin{Bmatrix} c_1 \\ c_2 \\ c_3 \\ \cdot \\ c_{n-1} \\ c_n \end{Bmatrix}
=
\begin{Bmatrix}
0 \\
3(f[x_3, x_2] - f[x_2, x_1]) \\
3(f[x_4, x_3] - f[x_3, x_2]) \\
\cdot \\
3(f[x_n, x_{n-1}] - f[x_{n-1}, x_{n-2}]) \\
0
\end{Bmatrix}
\tag{5.31}
$$

위 대수방정식은 제3장에서 살펴본 삼중대각 행렬에 대한 해법을 이용하여 미지수를 구할 수 있다.

[그림 5.12]는 자연 끝단조건에 대한 3차 스플라인 함수 파일이다.

```
function [yy,dy,d2] = natspline(x,y,xx)
% natspline: natural spline with differentiation
%   [yy,dy,d2] = natspline(x,y,xx): uses a natural cubic spline
%   interpolation to find yy, the values of the underlying function
%   y at the points in the vector xx. The vector x specifies the
%   points at which the data y is given.
% input:
%   x = vector of independent variables
%   y = vector of dependent variables
%   xx = vector of desired values of dependent variables
% output:
%   yy = interpolated values at xx
%   dy = first derivatives at xx
%   d2 = second derivatives at xx

n = length(x);
if length(y)~=n, error('x and y must be same length'); end
if any(diff(x)<=0),error('x not strictly ascending'),end
m = length(xx);
b = zeros(n,n);
aa(1,1) = 1; aa(n,n) = 1;   %set up Eq. 15.27
bb(1)=0; bb(n)=0;
for i = 2:n-1
  aa(i,i-1) = h(x, i - 1);
  aa(i,i) = 2 * (h(x, i - 1) + h(x, i));
  aa(i,i+1) = h(x, i);
  bb(i) = 3 * (fd(i + 1, i, x, y) - fd(i, i - 1, x, y));
end
c=aa\bb'; %solve for c coefficients
for i = 1:n - 1   %solve for a, b and d coefficients
  a(i) = y(i);
  b(i) = fd(i + 1, i, x, y) - h(x, i) / 3 * (2 * c(i) + c(i + 1));
  d(i) = (c(i + 1) - c(i)) / 3 / h(x, i);
end
```

```
for i = 1:m    %perform interpolations at desired values
  [yy(i),dy(i),d2(i)] = SplineInterp(x, n, a, b, c, d, xx(i));
end
end
function hh = h(x, i)
hh = x(i + 1) - x(i);
end
function fdd = fd(i, j, x, y)
fdd = (y(i) - y(j)) / (x(i) - x(j));
end
function [yyy,dyy,d2y]=SplineInterp(x, n, a, b, c, d, xi)
for ii = 1:n - 1
  if xi >= x(ii) - 0.000001 & xi <= x(ii + 1) + 0.000001
    yyy=a(ii)+b(ii)*(xi-x(ii))+c(ii)*(xi-x(ii))^2+d(ii)...
                                                    *(xi-x(ii))^3;
    dyy=b(ii)+2*c(ii)*(xi-x(ii))+3*d(ii)*(xi-x(ii))^2;
    d2y=2*c(ii)+6*d(ii)*(xi-x(ii));
    break
  end
end
end
```

그림 5.12 자연 끝단조건 3차 스플라인

자연 끝단조건 이외에도 다른 조건을 고려할 수도 있다. 그 중 하나가 고정 끝단조건(clamped end condition)이다. 이 조건은 첫 번째와 마지막 절점에서 1차 도함수를 특수한 값으로 지정하는 것이다. 예를 들어, 끝점에서 1차 도함수가 0이라 한다면 스플라인은 끝점에서 수평하게 됨을 의미한다. 이에 대한 조건은 다음과 같이 수식화할 수 있다.

$$\begin{cases} 2h_1c_1 + h_1c_2 = 3f\left[x_2,\, x_1\right] - 3f_1' \\ h_{n-1}c_{n-1} + 2h_{n-1}c_n = 3f_n' - 3f\left[x_n,\, x_{n-1}\right] \end{cases} \tag{5.32}$$

또 다른 조건으로는 비절점 끝단조건(not-a-knot end condition)이다. 이 방법은 두 번째 절점에서 3차 도함수가 연속하도록 하는 것이다. 즉, 스플라인에서는 이들 절점에서의 함숫값과 1, 2차 도함수가 같도록 정해져 있기 때문에, 3차 도함수가 연속하도록 하는 것은 처음 두 인접 구간과 마지막 두 인접 구간에 각각 같은 3차 함수를 적용하는 것이다. 이에 대한 조건은 다음과 같이 수식화된다.

$$\begin{cases} h_2c_1-(h_1+h_2)c_2)+h_1c_3=0_1 \\ h_{n-1}c_{n-2}-(h_{n-2}+h_{n-1})c_{n-1}+h_n-2c_n=0 \end{cases} \tag{5.33}$$

예제 5.4

주어진 데이터를 자연 끝단조건을 가지는 3차 스플라인으로 접합시키시오.

x	0.0	1.0	2.0	2.5	3.0
$f(x)$	0.0	0.5	2.0	2.5	0.8

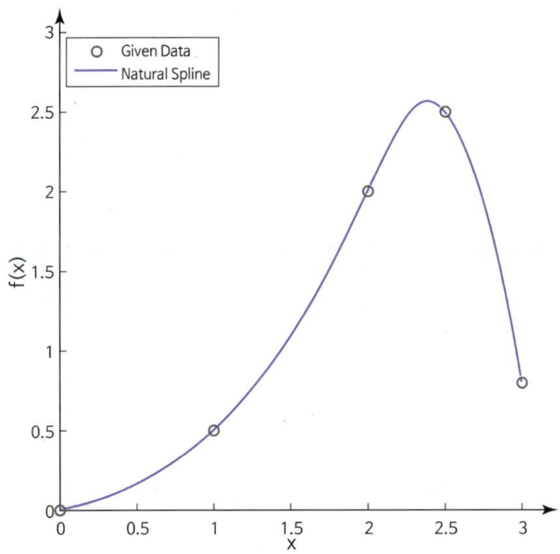

그림 5.13 3차 자연 끝단조건 스플라인

MATLAB은 내장함수로 spline을 제공하며, 기본적으로 비절점 조건을 사용한다. 그러나 y가 x의 입력값보다 두 개가 더 많으면 y의 첫 번째와 마지막 값은 끝점에서의 도함수로 사용되기 때문에 고정 끝단조건을 실행하는 것이 된다. 아래 예는 MATLAB의 "$spline$" 함수를 이용한 3차 다항식 접합과 그 결과이다.

```
>> x = -4:4;
>> y = [0 .15 1.12 2.36 2.36 1.46 .49 .06 0];
>> cs = spline(x,[0 y 0]);
>> xx = linspace(-4,4,101);
>> plot(x,y,'o',xx,ppval(cs,xx),'-'); end
>> end
>> end
```

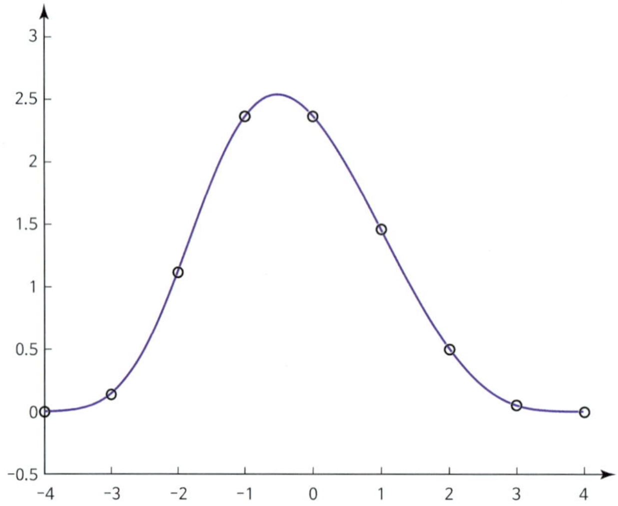

그림 5.14 "spline" 함수를 이용한 3차 스플라인 접합

연습문제

문제 5.1 주어진 데이터를 자연 끝단조건(natural end-condition)을 가지는 3차 스플라인으로 접합하시오.

x	−4	−2	−1	0	1	2	4
y	4	10	19	6	19	10	4

문제 5.2 다음 데이터를 1차, 2차, 3차 및 4차 다항식으로 접합시키고, 각 경우에 대한 추정 값의 표준오차, 결정계수(신뢰도)를 계산하시오.

x	1	2	3	4	5	6	7	8	9
y	5	6	10	20	28	33	34	36	42

문제 5.3 아래 데이터는 주어진 식을 통해 생성되었다. (a) 자연 끝단조건을 사용하는 3차 스플라인으로 계산하고, MATLAB 함수를 이용한 (b) 비절점 끝단조건, (c) 고정 끝단조건($f'(3.0)$, $f'(4.5)$)을 가지는 3차 스플라인과 비교하시오.

$$f(x) = \sin(10x) + \cos(3x)$$

x	3.00	3.10	3.35	3.55	3.80	3.95	4.10	4.25	4.50
f	−1.8992	−1.3963	0.0603	−1.1478	0.6899	1.7278	0.8061	−0.0129	1.4458

문제 5.4 평판으로부터 y만큼 떨어진 지점에서 공기의 속도(u)를 측정한 데이터가 아래와 같을 때 곡선을 접합시키고, 이를 이용하여 $y = 0.01$에서의 전단응력(du/dy)을 구하시오.

$y(m)$	0	0.002	0.006	0.012	0.018	0.024
$u(m/s)$	0	0.287	0.899	1.915	3.048	4.299

문제 5.5 주어진 Runge 함수에 대해 구간 $[-1, 1]$에서 5개의 등 간격 데이터를 생성하고 4차 다항식, 선형 스플라인, 3차 스플라인 방법을 사용하여 접합시키시오.

$$f(x) = \frac{1}{1 + 25x^2}$$

제 6 장

Numerical Analysis with MATLAB

수치적분

Numerical Analysis with MATLAB

6.1 적분

적분(integral)이란 연속함수 $f(x)$에 대해 그 함수의 정의역(domain)의 부분집합을 이루는 구간 $[a, b]$에 대응하는 치역(range)으로 이루어진 곡선의 근삿값(리만 합)의 극한을 구하는 것이다. 이를 정적분(definite integral)이라 하며, 폐구간에 대한 적분은 곡선이 이루는 면적과 동일하다. 현재 우리가 사용하는 적분기호 $\int$는 합을 의미하는 영어 단어인 summation의 S를 변형시킨 것으로 라이프니츠가 제안하였다.

$$\int_a^b f(x)dx = \lim_{n \to \infty} \sum_{k=1}^{n} f(x_k) \Delta x$$
$$\Delta x = \frac{b-a}{n} \tag{6.1}$$

미적분의 기본정리에 따라 적분은 미분의 역산으로 함수 $f(x)$를 도함수(derivative)로 하는 원래의 함수 $F(x)$가 존재하며, 이 원래 함수를 구하는 과정을 부정적분(indefinite integral)이라 한다.

$$\frac{d}{dx} F(x) = f(x) \tag{6.2}$$

임의 함수 $f(x)$의 정의역 중 일부 구간 $[a, b]$에 대한 적분은 구간 내의 치역이 모두 0 이상 일 때 해당 구간의 넓이와 같다. 그러나 [그림 6.1]과 같이 치역의 일부 구간이 음수일 경우 0 이상인 구간과 0 이하인 구간이 상쇄되어 엄밀한 의미에서 적분과 구간의 넓이는 동일한 개념은 아니라고 할 수 있지만, 수치적분을 이해하기 위해 먼저 어떤 함수의 곡선이 이루는 면적을 구하는 방법으로써의 적분을 생각해 보자.

베른하르트 리만(Georg Friedrich Bernhard Riemann, 1826~1866)

독일 태생의 수학자이다. 리만은 어릴 때부터 수학적 재능을 나타냈다고 하며, 짧은 일생을 통해 해석학, 미분기하학 분야에서 획기적인 업적을 남겼다. 특히 리만 기하학은 일반상대성이론을 기술하는데 유용하게 사용되었으며, 그의 이름은 리만적분, 코시-리만 방정식, 리만제타함수 등의 수학 용어에 남아 있다. 그는 유체역학적 문제를 고찰하기 위해 복소함수론을 연구하여 등각사상법과 같이 수학의 다른 영역과 복소함수론 사이에 광범위한 유사성이 있음을 보였다. 그는 리만 적분을 정의하고, 삼각 급수의 수렴에 관한 조건을 제시하면서 함수가 적분된다는 것의 개념을 처음으로 정립하였다.

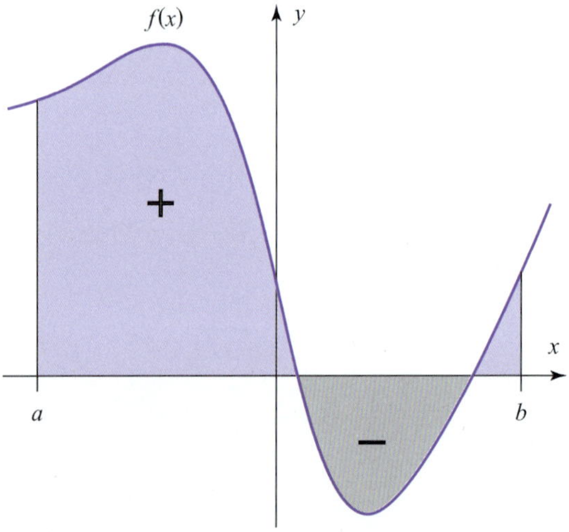

그림 6.1 연속함수의 정적분과 넓이

곡선의 면적을 계산하는 가장 쉬운 방법은 함수가 이루고 있는 각각의 하위 구간들을 사각형으로 구성하고 분할된 각 구간의 면적(리만 값)의 합을 구하면 된다. 이는 도형의 넓이를 구하는 적분의 효시라고 할 수 있는 구적법(mensuration)이라는 용어에서도 알 수 있듯이 곡선으로 이루어진 도형은 같은 면적을 가지는 사각형을 구축하여 면적을 계산하는 것이다.

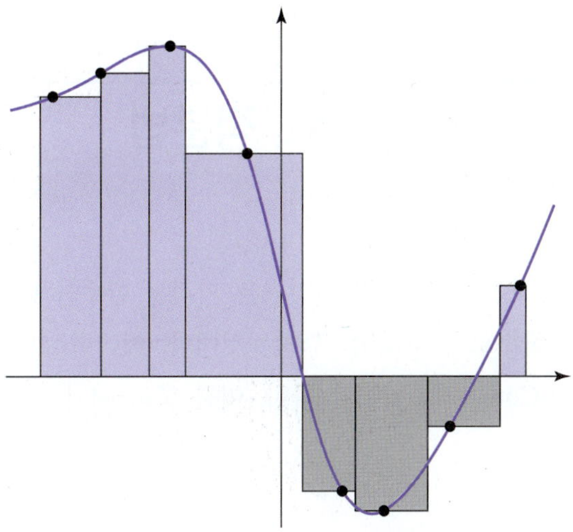

그림 6.2 적분의 근삿값

각각의 하위 구간들은 [그림 6.2]와 같이 사각형을 구성할 수 있으며, 곡선과 만나는 어느 지점을 사각형의 높이로 하느냐에 따라 사각형의 면적은 달라지게 된다. 즉, 하위 구간의 시작점을 기준으로 하면 그래프에서 왼쪽을 기준으로 한 사각형이 그려지고 이를 사용하여 구한 넓이는 실제보다 작게 되는데 이를 왼쪽 리만 합이라고 한다. 같은 방법으로 구간의 끝점을 기준으로 하면 오른쪽 리만 합, 가운데 지점을 기준으로 하면 가운데 리만 합이라 한다. 보다 정확한 넓이를 계산하기 위해서는 구간을 더 세밀하게 나누면 되기 때문에 리만 합은 그 종류에 상관없이 극한을 취할 경우 같은 값으로 수렴하게 된다.

6.2 Newton-Cotes 적분법

정적분의 근삿값을 구하는 가장 간편한 방법은 피적분 함수를 다항식으로 표현하고 구간별 사각형의 넓이의 합으로 근사하여 구하는 것이다. 이러한 선형 보간식에 기반한 수치적분 방법을 Newton-Cotes 적분법이라 하며, 이를 통해 여러 종류의 적분 공식이 유도된다.

$$\int_a^b f(x)dx \simeq \int_a^b f_n(x)dx \qquad f_n(x) = a_0 + a_1x + a_2x^2 + \cdots + a_nx^n \tag{6.3}$$

먼저 피적분 함수를 1차식으로 표현하면 [그림 6.3]과 같이 근사된 직선의 식은 (6.4)와 같고, 그 적분 결과는 식 (6.5)와 같이 사다리꼴의 공식(trapezoidal rule)인 폭과 적분 구간 끝점에서 함숫값의 평균으로 표현된다.

$$f_1(x) = f(a) + \frac{f(b) - f(a)}{b-a}(x-a) \tag{6.4}$$

$$\begin{aligned} I &= \int_a^b f_1(x)dx = f(a)x + \frac{f(b)-f(a)}{b-a}\left(\frac{1}{2}x^2 - ax\right)_a^b \\ &= f(a)(b-a) + \frac{f(b)-f(a)}{b-a}\left(\frac{1}{2}(b+a) - a\right)(b-a) \\ &= (b-a)\left(f(a) + \frac{1}{2}(f(b) - f(a))\right) \\ &= (b-a)\frac{f(b)+f(a)}{2} \end{aligned} \tag{6.5}$$

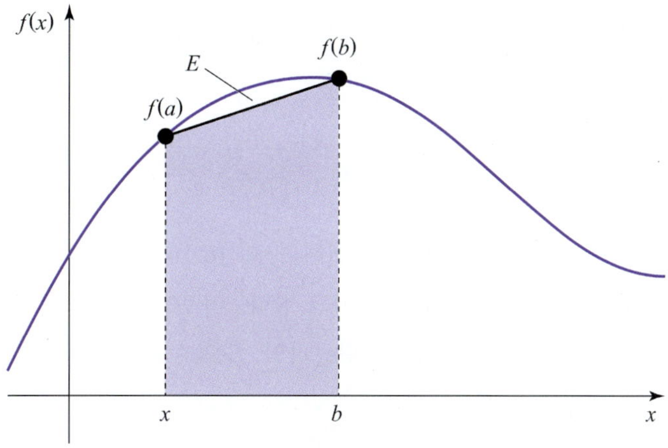

그림 6.3 사다리꼴의 공식과 오차

사다리꼴 공식으로 얻어지는 적분 값의 오차는 다음과 같이 표현할 수 있다.

$$E=\int_a^b f(x)-I \tag{6.6}$$

$$\begin{aligned} E &= \frac{1}{2!}\int_a^b (x-x_1)(x-x_2)f''(\xi)dx \\ &= \frac{1}{2!}f''(\xi)\int_a^b (x-a)(x-b)dx \\ &= -\frac{(b-a)^3}{12}f''(\xi) \end{aligned} \tag{6.7}$$

여기서 ξ는 적분 구간 사이의 값이다. 여기서 사다리꼴 공식의 오차는 2차 도함수에 비례하는 것을 알 수 있다. 즉, 적분 함수가 선형이면 오차가 0이지만 2차 함수 이상이면 오차가 발생하는 것은 자명하다. 따라서 사다리꼴 공식의 오차를 줄이기 위해서는 적분 구간을 여러 개의 작은 구간으로 나누어 계산하면 된다. 이와 같은 방법으로 유도되는 적분 공식을 합성 적분 공식이라 한다.

$$I=\int_{x_0}^{x_1} f(x)dx+\int_{x_1}^{x_2} f(x)dx+\cdots+\int_{x_{n-1}}^{x_n} f(x)dx \tag{6.8}$$

$$I = h\frac{f(x_0)+f(x_1)}{2} + h\frac{f(x_1)+f(x_2)}{2} + \cdots + h\frac{f(x_{n-1})+f(x_n)}{2}$$
$$h = \left(\frac{b-a}{n}\right) \tag{6.9}$$

결과적으로 각 항들을 정리하여 다시 표현하면 식 (6.10)과 같이 표현되며 이를 합성 사다리꼴 공식(composed trapezoidal rule)이라 한다. 이 또한 사다리꼴의 공식과 마찬가지로 폭과 적분 구간 끝점에서 함숫값의 평균과의 곱으로 표현된다.

$$I = (b-a)\frac{f(x_0) + 2\sum_{i=1}^{n-1} f(x_i) + f(x_n)}{2n} \tag{6.10}$$

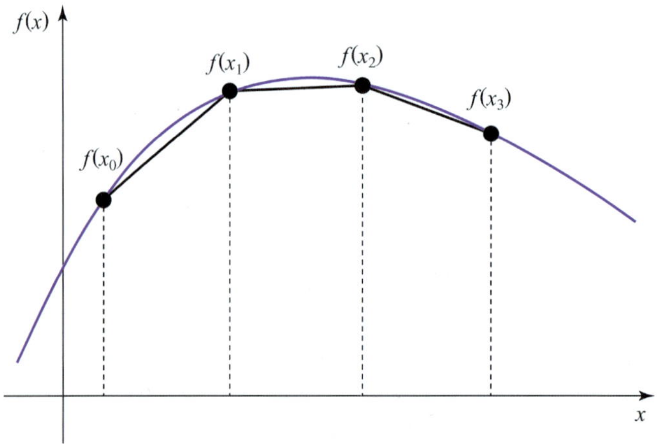

그림 6.4 합성 사다리꼴의 공식

합성 사다리꼴 공식은 사다리꼴 공식의 누적된 합이다. 따라서 합성 사다리꼴 공식의 오차 또한 사다리꼴 공식에서 발생하는 절단오차의 누적된 형태로 나타난다.

$$I = \sum_{i=1}^{n} I_i \tag{6.11}$$

$$E = \sum_{i=1}^{n} E_i = -\frac{h^3}{12}\sum_{i=1}^{n} f''(\xi_i) \tag{6.12}$$

여기서 2차 도함수의 평균값을 다음과 같이 정의하면, 합성 사다리꼴 공식에서 발생하는 오차를 알 수 있다. 즉, 구간의 수(n)가 두 배가 되면 오차는 1/4로 줄어든다는 것을 알 수 있다.

$$\sum_{i=1}^{n} f''(\xi_i) = n \times \bar{f}''(\xi_i) \tag{6.13}$$

$$E = -\frac{(b-a)^3}{12n^2}\bar{f}''(\xi_i) \tag{6.14}$$

오차를 줄이기 위해 적분 구간을 작게 나누어 계산하는 방법과는 다르게 함수를 고차 다항식으로 표현해도 오차를 개선할 수 있다. 예를 들어, 두 개의 데이터 점을 지나는 연결선은 직선으로 유일하게 결정되며, 세 개의 데이터 점을 지나는 연결선은 단 하나의 포물선으로 결정된다. 즉, n개의 데이터 점들을 모두 지나는 유일한 $n-1$차 다항식에 대해 적분을 취해 유도되는 공식을 Simpson 공식(Simpson's rule)이라 한다. 3개의 점을 연결하여 얻은 2차 곡선의 면적을 구하는 공식을 Simpson 1/3 공식, 4개의 점을 연결하여 얻은 3차 곡선의 면적을 구하는 공식을 Simpson 3/8 공식이라 한다. 이들을 각각 3점 또는 4점 Newton-Cotes 적분 공식이라 부르기도 한다.

먼저 세 개의 데이터 점을 지나는 2차 곡선을 사용하여 유도되는 Simpson 1/3 공식은 다음과 같다.

$$\begin{aligned} I &= \int_{x_1}^{x_2}\left[\frac{(x-x_1)(x-x_2)}{(x_0-x_1)(x_0-x_2)}f(x_0)+\frac{(x-x_0)(x-x_2)}{(x_1-x_0)(x_1-x_2)}f(x_1)+\frac{(x-x_0)(x-x_1)}{(x_2-x_0)(x_2-x_1)}f(x_2)\right]dx \\ &= \frac{h}{3}\left[f(x_0)+4f(x_1)+f(x_2)\right] \end{aligned} \tag{6.15}$$

사다리꼴의 공식을 이용한 적분과 마찬가지로 Simpson 1/3 공식도 다수의 구간을 합성하여 계산하면 오차를 줄일 수 있다. 이 공식은 짝수 개의 구간에서 사용해야 하며, 짝수 점은 인접 구간에서 공통인 항이 되기 때문에 두 번씩 계산되어 1－4－2－4－2－4－1과 같이 반복되는 계수를 갖는다.

$$
\begin{aligned}
I &= 2h\frac{f(x_0)+4f(x_1)+f(x_2)}{6} \\
&\quad + 2h\frac{f(x_2)+4f(x_3)+f(x_4)}{6}+\cdots \\
&\quad + 2h\frac{f(x_{n-2})+4f(x_{n-1})+f(x_n)}{6} \\
&= h\frac{f(x_0)+4\sum_{i=odd}^{n-1}f(x_i)+2\sum_{j=even}^{n-2}f(x_j)+f(x_n)}{3n}
\end{aligned}
\tag{6.16}
$$

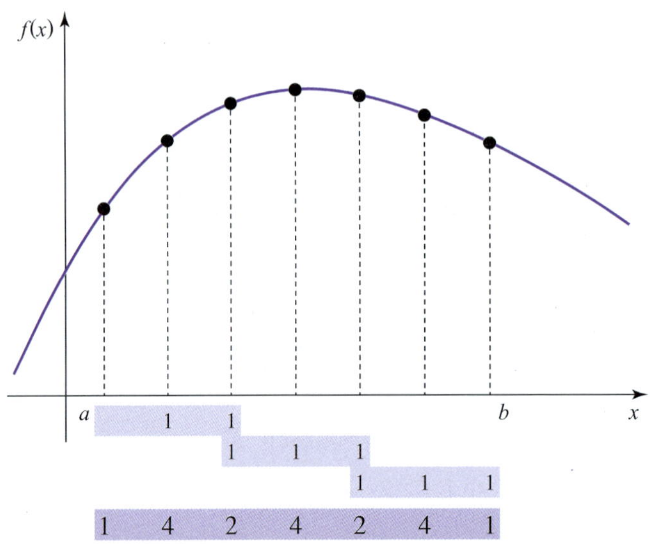

그림 6.5 합성 Simpson 1/3 공식

네 개의 데이터 점을 지나는 3차 곡선을 사용하여 유도되는 Simpson 3/8 공식은 다음과 같다.

$$
\begin{aligned}
I &= \frac{3h}{8}\left[f(x_0)+3f(x_1)+3f(x_2)+3f(x_3)\right] \\
&= (b-a)\frac{\left[f(x_0)+3f(x_1)+3f(x_2)+3f(x_3)\right]}{8}
\end{aligned}
\tag{6.17}
$$

사다리꼴 공식의 오차와 같이 단일 Simpson 공식과 합성 Simpson 공식의 오차를 구하면 다음과 같다.

$$E = -\frac{h^5}{90} f^{(4)}(\xi) = -\frac{(b-a)^5}{90 \times 2^5} f^{(4)}(\xi) \tag{6.18}$$

$$E = -\frac{(b-a)^5}{180 n^4} \overline{f}^{(4)}(\xi) \tag{6.19}$$

앞서 회귀분석과 보간법을 통해 알아본 바와 같이 함수를 다항식으로 표현함에 있어 차수가 높아질수록 정확도가 보장되는 것이 아니기 때문에 함수의 차수를 계속해서 높이는 것보다는 적분 구간을 작게 나누어 계산하는 것이 적합하다. 많은 공학적인 문제에 있어 2차 또는 3차 다항식으로 확장하여 계산하여 얻은 Simpson 1/3 또는 3/8 공식을 사용하여도 충분하다. 앞서 설명한 수치적 공식은 데이터가 등간격으로 분포된 경우이다. 데이터가 부등간격으로 분포된 경우 각각의 구간에 개별적으로 사다리꼴 공식을 적용하여 계산할 수 있다.

$$I = h_1 \frac{f(x_0) + f(x_1)}{2} + h_2 \frac{f(x_1) + f(x_2)}{2} + \cdots + h_n \frac{f(x_{n-1}) + f(x_n)}{2} \tag{6.20}$$

MATLAB은 위에서 설명한 수치적분들을 포함하여 아래 표와 같은 기능을 가진 내장함수를 포함하고 있다.

MATLAB 함수	기능	명령어
trapz	등간격 사다리꼴 적분	trapz(x,y)
cumtrapz	부등간격(누적) 사다리꼴 적분	cumptrapz(x,y)
quad	Simpson 적분	quad('fun',a,b)
quadl	Lobatto 구적법을 사용한 적분	quadl('fun',a,b)

6.3 Romberg 적분법

앞서 살펴본 Newton-Cotes 수치적분은 구간별 데이터 형태로 주어지는 적분을 수행하는 경우 사용할 수 있는 방법이다. 하지만 사다리꼴 공식이나 Simpson 공식을 이용한 수치적분의 경우 오차를 줄이기 위해서는 구간을 작게 나누어 계산해야 하기 때문에 효율적이지 못하다. 이러한 문제는 근사된 적분 값을 외삽법을 사용하여 개선할 수 있다.

Romberg 적분은 사다리꼴 공식을 사용하여 근삿값을 구하고, Richardson 외삽법을 사용하여 근삿값의 오차를 줄이는 방법이다. 두 개의 다른 구간 h_1과 h_2에 대한 사다리꼴 공식과 각각의 오차를 생각해 보자. 두 구간에 대한 적분 값의 근삿값과 오차의 합은 서로 같아야 한다.

$$I(h_1)+E(h_1)=I(h_2)+E(h_2) \tag{6.21}$$

앞서 살펴본 바와 같이 합성 사다리꼴의 오차는 구간 값의 제곱에 비례한다.

$$E=-\frac{(b-a)^3}{12n^2}\overline{f}''(\xi_i)=-\frac{(b-a)}{12}h^2\overline{f}''(\xi_i) \tag{6.22}$$

따라서 구간 h_1과 h_2에 대한 오차의 비율을 고려하여 식 (6.21)을 다시 정리하면 식 (6.27)이 얻어진다.

$$\frac{E(h_1)}{E(h_2)}=\frac{(h_1)^2}{(h_2)^2} \tag{6.23}$$

$$E(h_1)=E(h_2)\left(\frac{h_1}{h_2}\right)^2 \tag{6.24}$$

$$I(h_1)+E(h_2)\left(\frac{h_1}{h_2}\right)^2 = I(h_2)+E(h_2) \tag{6.25}$$

$$E(h_2)=\frac{I(h_1)-I(h_2)}{1-(h_1/h_2)^2} \tag{6.26}$$

$$I=I(h_2)+\frac{I(h_2)-I(h_1)}{(h_1/h_2)^2-1} \tag{6.27}$$

이 적분 값은 오차가 $O(h^2)$인 사다리꼴 공식의 적분 두 개를 조합하여 오차가 $O(h^4)$인 적분 값을 구한 것이다. 따라서 오차가 $O(h^4)$인 적분 값을 조합하여 $O(h^6)$인 근삿값을 구할 수 있다. 이와 같은 관계 식은 아래와 같은 순차 배열로 표현할 수 있으며, Romberg 적분은 식 (6.29)와 같이 표현할 수 있다.

$$\begin{bmatrix} I_{1,1} & & & \\ I_{2,1} & I_{2,2} & & \\ I_{3,1} & I_{3,2} & I_{3,3} & \\ I_{4,1} & I_{4,2} & I_{4,3} & I_{4,4} \end{bmatrix} \tag{6.28}$$

$$\begin{aligned} I_{i,j} &= \frac{4^{j-1}I_{i+1,j-1}-I_{i,j-1}}{4^{j-1}-1} \\ &= \frac{4^{j-1}}{4^{j-1}-1}(I_{i+1,j-1})-\frac{1}{4^{j-1}-1}(I_{i,j-1}) \\ &= a(I_{i+1,j-1})-b(I_{i,j-1}) \end{aligned} \tag{6.29}$$

식 (6.29)에 나타나는 계수들은 다음과 같이 정리할 수 있다.

j	2	3	4	5	6
a	−1/3	−1/15	−1/63	−1/255	−1/1023
b	4/3	16/15	64/63	256/255	1024/1023

여기서 계수 a, b의 합은 항상 1인 것을 알 수 있다. Romberg 적분에 나타나는 계수들은 정확도가 증가할수록 적분 값에 부과되는 가중인자(weighting factor)이다.

6.4 Gauss 구적법

앞서 살펴본 바와 같이 사다리꼴 공식을 이용한 적분은 적분 구간의 고정된 양 끝점을 연결한 직전 아래의 면적을 구하기 때문에 필연적으로 오차를 포함할 수밖에 없었다. Gauss 구적법(quadrature)의 개념은 주어진 함수 $f(x)$에 대한 구간 $[a, b]$에서의 적분을 적절한 가중치(weighting factor)를 함숫값에 곱하여 N개의 덧셈으로 계산하는 것이다.

$$\int_a^b f(x)dx \cong \sum_{k=1}^{N} w_k f(x_k) \tag{6.30}$$

N을 크게 할수록 덧셈의 연산 횟수는 증가하지만 오차는 감소할 것이다. N과 가중치는 구간 값 $[a, b]$에 따라 결정되며 보다 단순화된 계산 공식의 유도를 위해 적분 구간을 $[-1, 1]$로 하는 것이 편리하다.

$$\int_{-1}^{1} f(x)dx \cong \sum_{k=1}^{N} w_k f(x_k) \tag{6.31}$$

만약 양 끝점을 고정시키지 않고 [그림 6.6]과 같이 곡선상의 어떤 두 점을 지나는 직선 아래의 면적을 계산할 때 두 점의 위치를 적절히 조절하여 양의 오차 값과 음의 오차 값이 상쇄되도록 하는 직선을 정의하여 면적을 계산할 수 있다. 이러한 적분법을 Gauss-Legendre 구적법 또는 Gauss 구적법이라 한다.

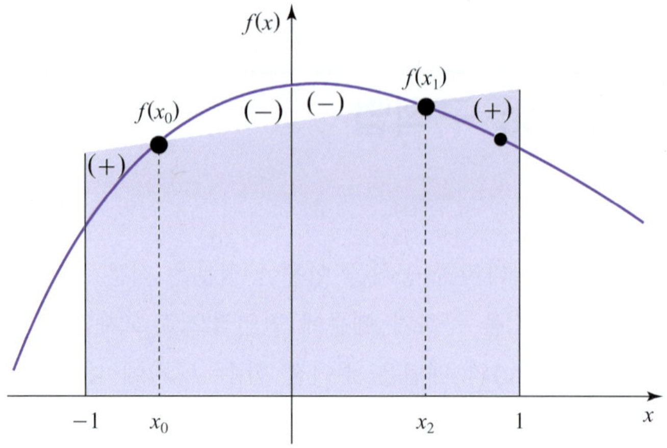

그림 6.6 Gauss 구적법

즉, Gauss 구적법으로 계산한 근삿값은 결과적으로 양의 오차와 음의 오차를 합한 값으로 다음과 같은 방정식의 계수를 결정하는 문제라고 할 수 있다.

$$I \cong c_1 f(x_1) + c_2 f(x_2) \tag{6.32}$$

여기서 c_1, c_2은 미지수이며, x_1, x_2도 고정되지 않은 값으로 미지수이다. 위 적분 값을 계산하기 위해 $f(x)$를 상수, 1차, 2차 및 3차 함수로 가정하고 아래와 같은 4개의 조건을 사용하여 미지수를 계산할 수 있다.

$$\begin{cases} c_1 + c_2 = \int_{-1}^{1} 1dx = 2 \\ c_1 x_1 + c_2 x_2 = \int_{-1}^{1} x dx = 0 \\ c_1 x_1^2 + c_2 x_2^2 = \int_{-1}^{1} x^2 dx = \dfrac{2}{3} \\ c_1 x_1^3 + c_2 x_2^3 = \int_{-1}^{1} x^3 dx = 0 \end{cases} \tag{6.33}$$

$$\begin{cases} c_1 = c_2 = 1 \\ x_1 = -\dfrac{1}{\sqrt{3}} \quad x_2 = \dfrac{1}{\sqrt{3}} \end{cases} \tag{6.34}$$

따라서 식 (6.32)의 적분식은 다음과 같이 정리할 수 있다.

$$I \cong f\left(\frac{-1}{\sqrt{3}}\right)+f\left(\frac{1}{\sqrt{3}}\right) \tag{6.35}$$

즉, 적분 값은 $x=\frac{1}{\sqrt{3}}$과 $\frac{1}{\sqrt{3}}$에서의 함숫값을 더한 값이 된다. 이때 적분 구간은 $[-1,\ 1]$이며 임의 구간 $[a,\ b]$에 대해서는 다음과 같이 정리할 수 있다.

$$\int_a^b f(x)dx \cong \left(\frac{b-a}{2}\right)\sum_{k=1}^{N} w_k f\left(\left(\frac{b-a}{2}\right)x_k+\left(\frac{a+b}{2}\right)\right) \tag{6.36}$$

두 개의 점에 대한 위의 공식을 확장하면 여러 개의 점에 대한 다음과 같은 다점 Gauss 적분식으로 표현할 수 있으며, 가중인자와 함수의 독립변수 값은 〈표 6-1〉과 같다.

$$I \cong c_1 f(x_1)+c_2 f(x_2)+c_3 f(x_3)+\cdots+c_n f(x_n) \tag{6.37}$$

표 6-1 Gauss 구적법에 사용되는 가중인자와 함수의 독립변수 값

Point 수(i)	Weighting factors(c_i)	Points(x_i)
1	0	0
2	1 1	$\frac{-1}{\sqrt{3}}$ $\frac{1}{\sqrt{3}}$
3	$\frac{5}{9}$ $\frac{8}{9}$ $\frac{5}{9}$	$-\sqrt{\frac{3}{5}}$ 0 $\sqrt{\frac{3}{5}}$
4	$\frac{18-\sqrt{30}}{36}$ $\frac{18+\sqrt{30}}{36}$ $\frac{18+\sqrt{30}}{36}$ $\frac{18-\sqrt{30}}{36}$	$\frac{-\sqrt{525+70\sqrt{30}}}{35}$ $\frac{-\sqrt{525-70\sqrt{30}}}{35}$ $\frac{-\sqrt{525-70\sqrt{30}}}{35}$ $\frac{-\sqrt{525+70\sqrt{30}}}{35}$

요한 카를 프리드리히 가우스(Johann Carl Friedrich Gauss, 1777~1855)

독일의 수학자로, 일류 역사상 가장 위대한 수학자 중 한 명으로 여겨진다. 가우스는 정수론, 통계학, 해석학, 미분적분학 등의 학문적 발전뿐만 아니라 천문학, 광학 등 자연과학 분야에도 많은 업적을 남겼다. 1799년 "대수방정식의 근의 존재 증명"이라는 박사학위 논문을 통해 1변수의 모든 유리정함수(integral rational algebraic function)는 1차 또는 2차의 소인수로 분해된다는 것을 보였고, 복잡한 숫자들을 넘어 모든 일정하지 않은 하나의 변수 다항식은 적어도 하나의 근을 가진다는 대수학의 기본 정리를 증명하였다.

연습문제

문제 6.1 주어진 함수를 $[a,\ b]=[0,\ 1]$의 구간에서 사다리꼴 공식을 사용하여 수치 적분하시오.

$$f(x)=0.1+2x+50x^2$$

문제 6.2 문제 6.1의 함수를 $[a,\ b]=[0,\ 5]$의 구간에서 Simpson $1/3$과 $3/8$ 공식을 적용하여 수치적분하고 엄밀해와 비교하여 상대 백분율오차를 구하시오.

문제 6.3 주어진 사인함수의 정적분을 MATLAB 내장함수 trapz( ), quad( )를 사용하여 계산하고 엄밀해와 비교하시오. 이때 trapz( )의 구간은 100개로 계산하시오.

$$\int_0^{\pi}\sin(x)dx$$

문제 6.4 문제 6.3의 사인함수를 Romberg 적분을 사용하여 $I_{4,4}$근삿값을 계산하시오.

문제 6.5 주어진 적분을 2점, 3점, 4점 Gauss 구적법을 사용하여 계산하시오.

$$I = \int_1^{\pi} \left(\frac{\ln x}{x^2} \right) dx$$

문제 6.6 주어진 적분의 (a) 해석해를 구하고, (b) Romberg 적분법과 (c) 3점 Gauss 구적법을 사용하여 계산하고 결과를 비교하시오.

$$I = \int_0^4 (3 + 5x + 2.5x^2 - 0.6x^3 - 0.5x^4) dx$$

제 7 장

Numerical Analysis with MATLAB

수치미분과 상미분방정식의 해법

Numerical Analysis with MATLAB

- 7.1 미분과 도함수의 유한차분 근사
- 7.2 Runge-Kutta법
- 7.3 상미분방정식의 해법

7.1 미분과 도함수의 유한차분 근사

수학적으로 도함수(derivative)는 독립변수(independent variable)에 대한 종속변수(dependent variable)의 변화율을 의미하며, 다음 식과 같이 차분화된 근사식으로 정의한다.

$$y = f(x) \tag{7.1}$$

$$\frac{\Delta y}{\Delta x} = \frac{y(x_i + \Delta x) - y(x_i)}{\Delta x} \tag{7.2}$$

여기서 종속변수의 변화량인 Δy가 0으로 근접하면 식 (7.2)의 차분된 근사식은 도함수가 된다.

$$\frac{dy}{dx} = y' = \lim_{\Delta x \to 0} \frac{y(x_i + \Delta x) - y(x_i)}{\Delta x} \tag{7.3}$$

즉, x_i에서 계산된 독립변수(x)에 대한 종속변수(y)의 1차 도함수로 x_i에서 함숫값 $f(x_i)$에 대한 접선의 기울기를 의미한다. 마찬가지로 2차 도함수는 1차 도함수의 도함수로 함숫값의 기울기의 변화량인 곡률(curvature)을 의미한다.

$$\frac{d^2 y}{dx^2} = y'' = \frac{d}{dx}\left(\frac{dy}{dx}\right) \tag{7.4}$$

제1장에서 살펴본 변화율 계산을 위한 차분방정식(difference equation)에 대해 다시 생각해 보자. 함수 $f(x)$의 Taylor 급수는 다음 식과 같다.

$$f(x) = f(x_0) + (x - x_0)f'(x_0) + (x - x_0)^2 \frac{f''(x_0)}{2!} + \cdots$$
$$+ (x - x_0)^n \frac{f^n(x_0)}{n!} + R_n \tag{7.5}$$

여기서 R_n은 $n+1$항부터 무한대 항까지의 나머지(remainder)를 의미한다. 식 (7.5)의 $x_0 = x_i$, $x = x_{i+1}$, $dx = (x - x_0)$로 두고 다시 정리하면,

$$f(x_{i+1}) = f(x_i) + f'(x_i)dx + \frac{f''(x_i)}{2!}dx^2 + \cdots$$
$$+ \frac{f^n(x_i)}{n!}dx^n + R_n\left(\frac{f^{n+1}(x_i)}{(n+1)!}dx^{n+1}\right) \tag{7.6}$$

식 (7.6)에서 현재 값의 1차 도함수를 현재 값(i)과 다음 값($I+1$)으로 표현하면 아래와 같이 전향차분(forward difference)을 얻을 수 있다.

$$f'(x_i) = \frac{f(x_{i+1}) - f(x_i)}{dx} + \theta(dx) \tag{7.7}$$

도함수를 현재 이전 값($I-1$)과 현재 값(i)으로 표현하면 후향차분(backward difference)을 얻는다.

$$f'(x_i) = \frac{f(x_i) - f(x_{i-1})}{dx} + \theta(dx) \tag{7.8}$$

식 (7.7)과 (7.8)을 정리하여 빼주면 중심차분(centered difference)을 구할 수 있다.

$$
\begin{array}{r|l}
 & f(x_{i+1}) = f(x_i) + f'(x_i)dx + f''(x_i)\dfrac{dx^2}{2} + \cdots \\
- & \\
 & f(x_{i+1}) = f(x_i) + f'(x_i)dx + f''(x_i)\dfrac{dx^2}{2} + \cdots \\
\hline
\end{array}
\tag{7.9}
$$

$$
f'(x_i) = \frac{f(x_{i+1}) - f(x_{i-1})}{2dx} + \theta(dx^2)
$$

위 식들에서 볼 수 있는 바와 같이 전향 및 후향차분의 경우 $\theta(dx)$ 오차를 갖지만 중심차분의 경우 $\theta(dx^2)$의 오차를 갖는다. 즉, 계산 간격의 크기를 반으로 줄이면 전형 또는 후향차분의 경우 오차가 반으로 줄지만, 중심차분의 경우 1/4로 줄어든다.

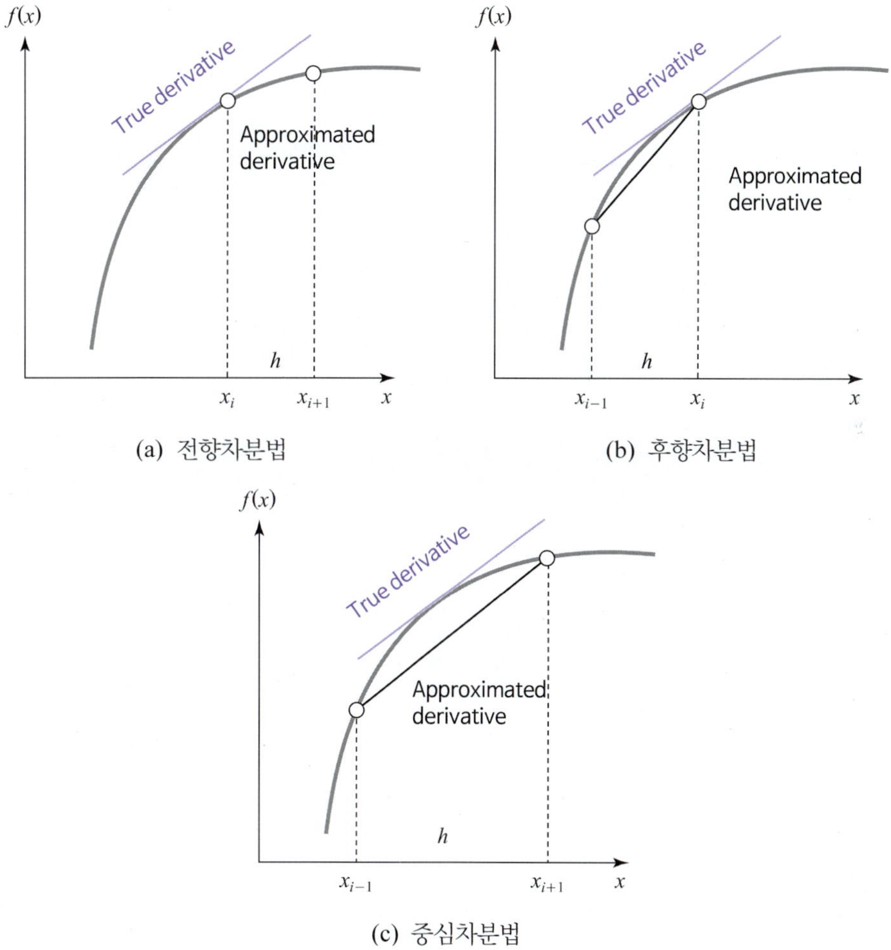

(a) 전향차분법 (b) 후향차분법 (c) 중심차분법

그림 7.1 도함수의 유한차분법

브룩 테일러(Brook Taylor, 1685~173)

영국의 수학자다. 그는 1715년 "증분법"이라는 저서에서 우리에게 너무나 잘 알려진 '테일러 정리'를 밝혔다. 당시 테일러의 도출로는 급수의 수렴성에 관한 고찰이 불충분하였고, 그 후 스코틀랜드의 수학자 매클로린이 무한급수의 고찰로 이것을 다시 정식화하여 매클로린 급수로 알려졌다. 진정한 의의는 1755년 오일러가 "미분학"에 응용하여 테일러 급수라는 이름을 붙어 알려지게 되면서 인정받게 됐다.

앞서 살펴본 도함수는 테일러 급수의 2차 이상의 항을 절단시켜 공식화한 것으로 고차항을 포함시켜 다시 정리한 각각의 전진, 후진, 중심차분법은 다음과 같다.

$$f'(x_i) = \frac{-f(x_{i+2}) + 4f(x_{i+1}) - 3f(x_i)}{2dx} + \theta(dx^2) \tag{7.10}$$

$$f'(x_i) = \frac{3f(x_i) - 4f(x_{i-1}) + f(x_{i-2})}{2dx} + \theta(dx^2) \tag{7.11}$$

$$f'(x_i) = \frac{-f(x_{i+2}) + 8f(x_{i+1}) - 8f(x_{i-1}) + f(x_{i-2})}{12dx} + \theta(dx^4) \tag{7.12}$$

7.2 Runge-Kutta법

도함수의 유한차분 근사를 기초로 하여 다음과 같은 상미분방정식의 해를 구하는 수치해법을 살펴보자.

$$\frac{dy}{dx} = f(x,\ y) \tag{7.13}$$

Taylor 급수를 이용한 함수의 값은 포함되는 고차 도함수의 항에 따라 정확도가 결정된다. Runge-Kutta(RK)법은 고차 도함수를 계산하지 않고도 Taylor 급수법이 갖는 정확도로 함숫값을 계산하는 방법이다. 먼저 1차 도함수를 포함하는 식으로 정리하고, 포함된 도함수는 미분방정식의 관계식을 이용하여 정리하면 다음 식과 같이 정리할 수 있다.

$$y(x+h) = y(x) + y'(x)h = y(x) + f(x,\ y)h \tag{7.14}$$

이를 1차 Runge-Kutta(RK)법이라 하며 이는 1장에서 이미 살펴본 Euler법과 동일하다. Euler법은 [그림 7.2]에서 볼 수 있는 것과 같이 $(x+h)$에서의 함숫값을 구하는 과정

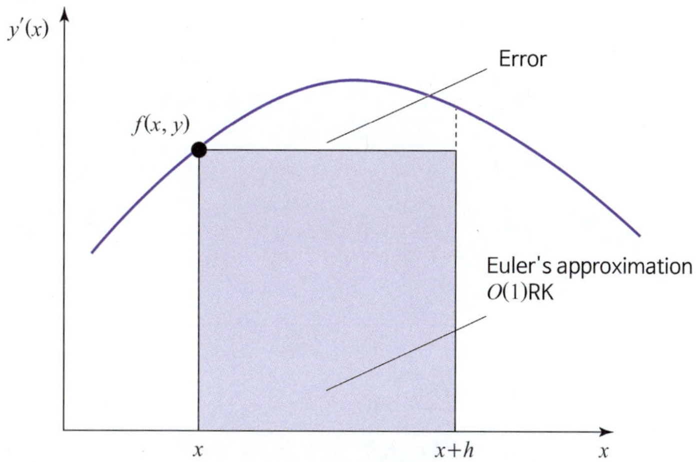

그림 7.2 Euler법과 오차

에서 (x)에서의 도함수를 사용하기 때문에 이에 해당하는 오차가 발생한다.

Euler법의 근삿값을 개선하기 위해 2차 도함수를 포함하는 식 (7.15)를 식 (7.16)과 같이 정의해 보자.

$$\begin{aligned} y(x+h) &= y(x) + y'(x)h + \frac{1}{2!}y''(x)h^2 + O(h^3) \\ &= y(x) + f(x,\, y)h + \frac{1}{2!}f'(x,\, y)h^2 + O(h^3) \end{aligned} \tag{7.15}$$

$$y(x+h) = y(x) + c_0 f(x,\, y)h + c_1 f\left[x+ph,\, y+qhf(x,\, y)\right]h \tag{7.16}$$

여기서 식 (7.16)의 4개의 미지수는 다음과 같은 관계식으로 정리할 수 있다.

$$c_0 + c_1 = 1, \quad c_1 p = \frac{1}{2}, \quad c_1 q = \frac{1}{2} \tag{7.17}$$

미지수의 개수는 4개이지만 3개의 관계식밖에 없기 때문에 미지수 중 하나의 값을 가정하여 나머지 값을 결정할 수밖에 없다.

먼저 $c_1 = \frac{1}{2}$로 가정하여 나머지 미지수들을 구해 대입하여 정리하면 아래와 식과 같고, 이와 같은 2차 RK법을 Heun법이라 한다.

$$c_1 = \frac{1}{2} \quad \rightarrow \quad c_1 = \frac{1}{2}, \quad p = q = \frac{1}{2} \tag{7.18}$$

$$y_{i+1} = y_i + \left[\frac{1}{2}K_1 + \frac{1}{2}K_2\right]h \tag{7.19}$$

$$\begin{aligned} K_1 &= f(x_i,\, y_i) \\ K_2 &= f(x_i + h,\, y_i + K_1 h) \end{aligned} \tag{7.20}$$

$c_1 = 1$로 가정하면 다음과 같이 정리되며 이와 같은 2차 RK법을 중점법이라 한다.

$$c_1 = 1 \quad \rightarrow \quad c_1 = 0, \ \ p = q = \frac{1}{2} \tag{7.21}$$

$$y_{i+1} = y_i + K_2 h \tag{7.22}$$

$$\begin{aligned} K_1 &= f(x_i, y_i) \\ K_2 &= f\left(x_i + \frac{1}{2}h, y_i + \frac{1}{2}K_1\right) \end{aligned} \tag{7.23}$$

Ralston은 $c_1 = \dfrac{2}{3}$인 경우 2차 RK법의 절단오차가 최소가 됨을 밝혔으며, 이를 이용하여 정리한 2차 RK법을 Ralston법이라 한다.

$$c_1 = \frac{2}{4} \quad \rightarrow \quad c_1 = \frac{1}{3}, \ \ p = q = \frac{3}{4} \tag{7.24}$$

$$y_{i+1} = y_i + \left[\frac{1}{3}K_1 + \frac{2}{3}K_2\right]h \tag{7.25}$$

$$\begin{aligned} K_1 &= f(x_i, y_i) \\ K_2 &= f\left(x_i + \frac{3}{4}h, y_i + \frac{3}{4}K_1\right) \end{aligned} \tag{7.26}$$

같은 방법으로 4차 도함수를 포함하여 정리하면 4차 RK법을 유도할 수 있으며, 상수를 어떻게 정의하느냐에 따라 그 종류를 달리한다. 그 중 근삿값을 아래와 같이 정의하는 것이 가장 전형적인 4차 RK법이다.

$$y_{i+1} = y_i + \frac{1}{6}\left[K_1 + 2K_2 + 2K_3 + K_4\right]h \tag{7.27}$$

여기서 도함수의 관계식은 다음과 같다.

$$\begin{aligned} K_1 &= f(x_i,\ y_i) \\ K_2 &= f\left(x_i + \frac{1}{2}h,\ y_i + \frac{1}{2}K_1 h\right) \\ K_3 &= f\left(x_i + \frac{1}{2}h,\ y_i + \frac{1}{2}K_2 h\right) \\ K_4 &= f(x_i + h,\ y_i + K_3 h) \end{aligned} \tag{7.28}$$

7.3 상미분방정식의 해법

MATLAB은 앞서 설명한 RK법을 이용하여 상미분방정식(ordinary differential equation, ODE)의 해를 구하는 내장함수를 포함하고 있다.

MATLAB 함수	기능	명령어
ode23	2차와 3차 RK법	[T, Y] = ode23(odefun, tsapn, y0)
ode45	4차와 5차 RK법	[T, Y] = ode45(odefun, tsapn, y0)

그 외에도 ode113, ode15s, ode23s, ode23t, ode23tb와 같은 내장함수가 있는데 여기서는 ode23과 ode45 내장함수를 이용한 몇 가지 가장 대표적인 상미분방정식의 해법에 대해 알아보자.

예를 들어, 다음과 같은 아주 단순한 상미분방정식(1계 선형 비제차 상미분방정식)의 해를 구해 보자.

$$y'(t) = \sin(t) \qquad y(0) = 0 \tag{7.29}$$

이 상미분방정식의 특수해(particular solution)는 다음과 같다.

$$y(t) = 1 - \cos(t) \tag{7.30}$$

```
% function file
function ydot=sinfn(t,y)
ydot=sin(t);

% execution file
time=[0:0.01:2*pi];
```

```
yp=1-cos(time);

[T2,Y2]=ode23('sinfn',[0,2*pi],0)
subplot(2,1,1)
plot(T2,Y2,'+b',time,yp,'r')
axis([0,2*pi  0,2])
grid  on

subplot(2,1,2)
[T4,Y4]=ode45('sinfn',[0,2*pi],0)
plot(T4,Y4,'+b',time,yp,'b')
axis([0,2*pi  0,2])
grid  on
```

[그림 7.3]은 ode23( )과 ode45( )를 이용한 수치해의 결과를 특수해의 해석해와 비교하였다.

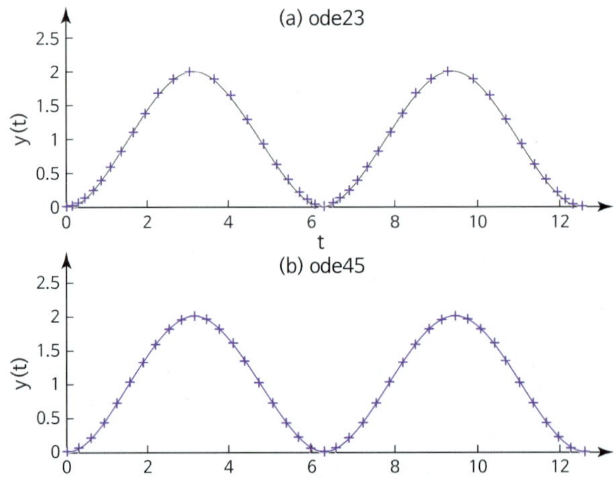

그림 7.3 ode23( )과 ode45( )를 이용한 수치해

다음으로 그림과 같은 질량-스프링 시스템을 고려해 보자. 우리는 이미 공학수학 시간에 이 시스템의 수학적 모델링 과정에 대해 충분히 배웠을 것이다. 뉴턴의 제2법칙에 기초하여 지배방정식을 세워보면 다음과 같은 2계 상미분방정식을 얻을 수 있다. 식 (7.31)은 치환하여 1계 연립상미분방정식으로 표현할 수 있다.

$$my''(t)+cy'(t)+ky(t)=0 \tag{7.31}$$

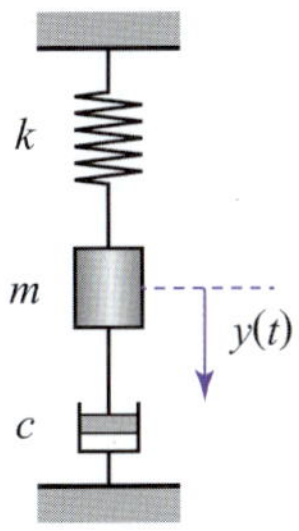

$$\begin{cases} y_1{}' = y_2 \\ y_2{}' = -\dfrac{k}{m}y_1 - \dfrac{c}{m}y_2 \end{cases} \tag{7.32}$$

$$\begin{pmatrix} y_1{}' \\ y_2{}' \end{pmatrix} = \begin{bmatrix} 0 & 1 \\ \dfrac{-k}{m} & \dfrac{-c}{m} \end{bmatrix} \begin{Bmatrix} y_1 \\ y_2 \end{Bmatrix} \tag{7.33}$$

$m=10$, $k=90$, $c=10$이고 초기조건이 $y(0)=0.16$, $y'(0)=0$인 경우에 대해 연립방정식의 해를 구해 보자.

```
% function file
function ydot = msd_system(t,y)
global m k c;
A=[0, 1; -k/m, -c/m];
ydot=A*y;

% execution file
global m k c;
m=10; c=10; k=90;;
[t, y]=ode45('msd_system',[0,10],[0.16,0]);
plot(t,y)
grid on
```

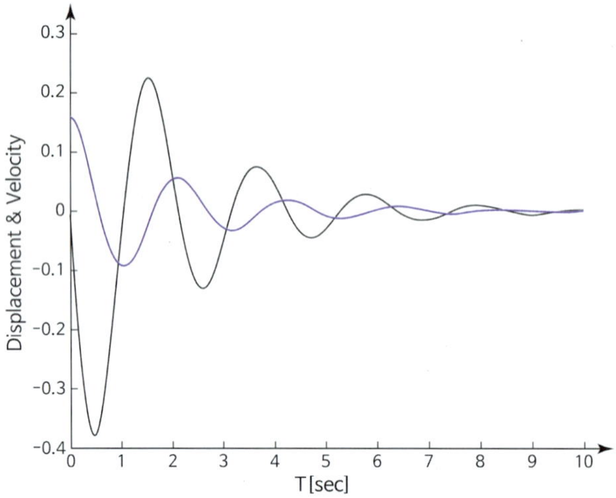

그림 7.4 ode45( )를 이용한 연립방정식의 수치해(변위와 속도)

다음으로 비선형 연립방정식을 ode45( ) 함수를 사용하여 해를 구해 보자.

$$\begin{cases} y_1{}' = y_2 y_3 \\ y_2{}' = y_1 y_3 \\ y_1{}' = -0.5 y_1 y_2 \end{cases} \qquad \begin{cases} y_1(0) = 0 \\ y_2(0) = 1 \\ y_3(0) = 2 \end{cases} \tag{7.34}$$

```
% function file
function dy = rigidy(t,y)
dy = zeros(3,1);      % a column vector
dy(1) = y(2) * y(3);
dy(2) = y(1) * y(3);
dy(3) = -0.5 * y(1) * y(2);

% execution file
options = odeset('RelTol',1e-4,'AbsTol',[1e-4 1e-4 1e-5]);

[T,Y] = ode45(@rigidy,[0 12],[0 1 2],options);

plot(T,Y(:,1),'-x',T,Y(:,2),'-+',T,Y(:,3),'-o')
xlabel('t'),ylabel('y1, y2, y3')
```

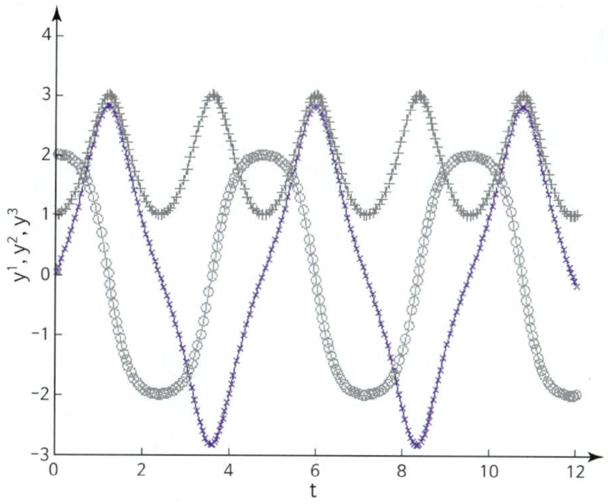

그림 7.5 ode45( )를 이용한 비선형 연립방정식의 수치해

연습문제

문제 7.1 다음 상미분방정식을 2차 RK법 중 (a) Heun법과 (b) 중점법 그리고 (c) Ralston법을 이용하여 해를 구하고, 해석해와 비교하여 그리시오.

$$y' = -2ty, \qquad y(0) = 2$$

문제 7.2 다음 상미분방정식을 (a) 2차 (b) 4차 Runge-Kutta법을 이용하여 해를 구하고 해석해와 비교하여 그리시오.

$$y'(t) = \cos t(t), \qquad y(0) = 1$$

문제 7.3 그림과 같은 질량-스프링 시스템의 지배방정식을 세우고, 임의의 질량 및 스프링상수에 대한 연립상미분방정식의 특수해를 구하시오.

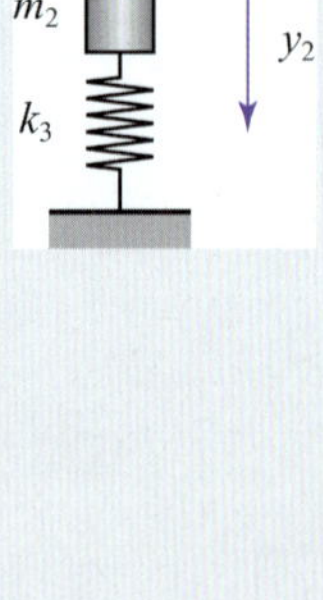

문제 7.4 아래와 같은 비제차 연립상미분방정식의 해를 ode45( ) 함수를 사용하여 구하시오. 초기조건의 임의로 지정할 수 있다.

$$\begin{pmatrix} y_1{}' \\ y_2{}' \end{pmatrix} = \begin{bmatrix} -4 & -1 \\ 2 & -3 \end{bmatrix} \begin{Bmatrix} y_1 \\ y_2 \end{Bmatrix} + \begin{bmatrix} \cos(t) \\ \sin(t) \end{bmatrix}$$

문제 7.5 다음은 2계 비선형 상미분방정식인 Van der Pol 방정식이다. 주어진 초기조건에 대해 ode23( )과 ode45( ) 함수를 사용하여 해를 구하고 서로 비교하시오.

$$y'' - 10^3(1-y^2)y' + y = 0$$

$$\begin{cases} y(0) = 2 \\ y'(0) = 0 \end{cases}$$

제 8 장

Numerical Analysis with MATLAB

수치해석 프로그래밍

Numerical Analysis with MATLAB

8.1 MATLAB 소개

8.1.1 MATLAB 개발 역사

MATLAB은 1970년대 후반 뉴멕시코대학 컴퓨터과학과의 Cleve More 교수에 의해 처음 개발되었다. 그는 당시 FORTRAN 언어를 모르는 학생들도 LINPACK(선형대수 수치해석용 라이브러리)과 EISPACK(고윳값 및 고유함수 계산용 라이브러리)과 같은 FORTRAN 언어로 작성된 라이브러리를 쉽게 사용할 수 있도록 하고자 하였다. 그 후 Jack Little과 Steve Bangert와 함께 C언어로 MATLAB을 만들었으며, 1984 MathWorks 사를 설립하고 본격적인 개발을 시작하여 오늘에 이르렀다. MATLAB은 Matrix Laboratory에서 그 이름이 유래된 것으로도 알 수 있듯이 행렬 연산을 매우 효율적으로 처리할 수 있도록 설계되었다.

MATLAB의 프로그래밍 체계는 우리에게 익숙한 수학적 연산 기호와 C언어 및 C++ 언어와 유사하게 처리되기 때문에 초보 사용자들도 쉽고 빠르게 사용할 수 있다. MATLAB의 기본 데이터 요소는 차원의 제한이 없는 배열(array)로 기존의 프로그래밍 언어에서와는 달리 행렬 연산을 위해 해당 함수를 만들어 줄 필요가 없고, 배열을 일괄적으로 계산할 수 있는 장점을 가지고 있으며, 프로그래밍 기능뿐만 아니라 계산 및 분석 결과를 쉽게 가시화할 수 있는 기능을 통합적으로 갖추고 있는 4세대 프로그래밍 언어(4GL)이다. MATLAB은 현재 수치계산, 데이터 분석, 신호 및 데이터 처리, 통신, 화상 처리, 제어와 같은 공학 분야와 자연과학 및 금융분석 등 다양한 분야에서 널리 사용되고 있다. MATLAB 시스템은 우리가 사용하고 있는 대부분의 수학함수를 제공하고 있으며, 프로그래밍에서부터 디버깅, 계산 결과의 그래픽 출력까지 다양한 기능을 가진 도구들이 GUI화 되어 있어 사용자가 쉽게 접근할 수 있도록 구성되어 있다. 무엇보다 Help 메뉴에는 MATLAB의 기본기능과 사용법을 익히는 데 필요한 충분한 설명과 예제를 포함하고 있어 초보 사용자도 쉽게 혼자서 배울 수 있다.

8.1.2 MATLAB 실행 및 Desktop 구성

MATLAB을 실행하면 [그림 8.1.1]과 같이 단순해 보이는 화면이 나오면서 MATLAB이 실행된다. 앞으로 MATLAB을 배워가면서 경험하겠지만, 보기에는 단순해 보이지만 매우 강력하고 편리한 기능들에 놀라게 될 것이다. MATLAB은 특별한 지정이 없으면 최초 실행 시 명령창(Command Window), 작업창(Workspace) 및 현재 디렉토리창(Current Directory) 그리고 실행 명령어 기록창(Command History)으로 나뉘어 구성된다. 초기 작업 디렉터리는 “C:\Program Files\MATLAB\R0000b\work”와 같이 MATLAB이 설치된 디렉터리의 하위 디렉터리로 지정되어 있다. 즉, 사용자가 작성할 모든 작업 내용은 “C:\Program Files\MATLAB\R0000b\work”에 저장되기 때문에 별도의 드라이브에 디렉터리를 생성하여 작업을 수행하는 것이 편리하다. Workspace 창에는 사용자가 지정한 변수와 계산 결과들을 보여주며 변수 값의 편집도 가능하다. Current Directory 창에는 사용자가 위치한 디렉터리 구조를 보여주며, Command History 창에는 사용자가 최근 사용한 명령어를 보여준다. 각 창은 그 기능과 사용자의 편의에 따라 분리하거나 제거하여 달리 배열할 수도 있다.

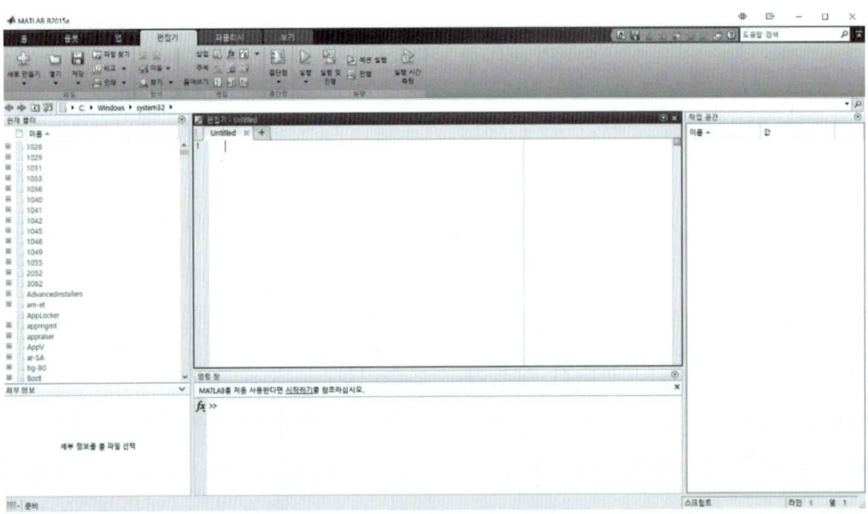

그림 8.1.1 MATLAB Desktop

아래 그림은 MATLAB 명령 창을 보여 준다. >> 기호 이후에 명령어를 입력하면 ans= 이후에 결과를 보여준다.

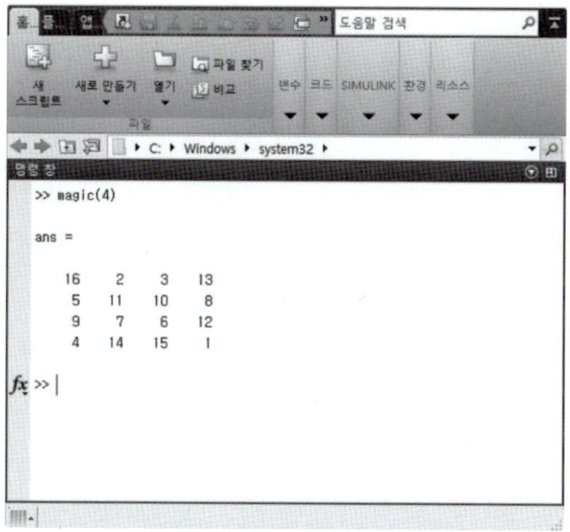

그림 8.1.2 MATLAB Command Window

데스크톱 메뉴 중 Help > Using the Desktop 메뉴를 클릭하면 아래 그림과 같이 Help 창이 실행된다. 여기에는 MATLAB의 모든 기능과 사용법뿐만 아니라 각각의 항목에 대한 예제들이 상세히 수록되어 있다. 초보 사용자들은 Help 메뉴를 이용하여 MATLAB 내장함수와 그래픽 기능 프로그래밍 기법에 대해 스스로 학습이 가능하다.

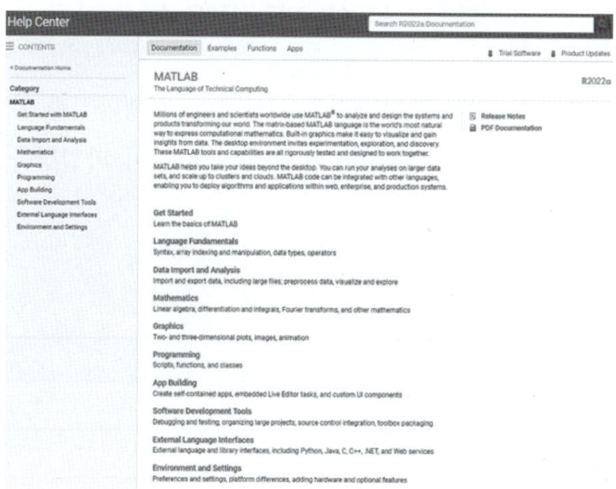

그림 8.1.3 MATLAB Help 메뉴 실행 예

데스크톱의 글꼴, 색상, 툴 바(tool bar), 단 구성 등과 같은 작업 환경은 File > Preference 메뉴를 통해 사용자가 변경, 설정할 수 있다. Start > New Shortcut 기능을 이용하여 자주 사용하는 디렉터리로의 이동이나 사용자의 편의에 따라 단축기능 버튼을 생성할 수 있다.

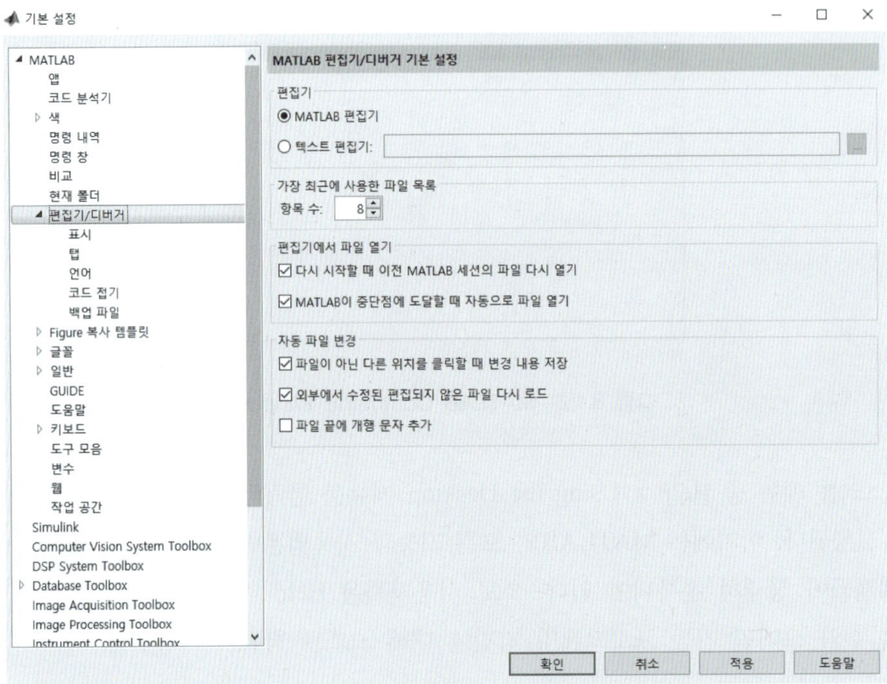

그림 8.1.4 MATLAB 기본 설정(Preference)

MATLAB은 아래와 같은 기본 확장자명을 사용하며, 실행파일과 함수 파일은 *.m으로 자동저장되어 m-file이라 부르며, 명령창에서 확장자명 없이 파일명을 입력하면 해당 파일이 실행된다.

표 8-1-1 MATLAB 확장자명

확장자명	설명
*.m	함수/실행 파일
*.fig	MATLAB 전용 그래프 파일
*.mdl	Simulink 파일
*.asv	자동저장 파일(auto save file)

MATLAB은 전용 편집기(editor)를 제공하며, 명령 창에 >> edit를 입력하면 그림과 같은 편집기가 실행되며, 주석문은 초록, 기본 구문(syntax)은 파랑, 사용자 지정 변수는 보라색으로 표시된다.

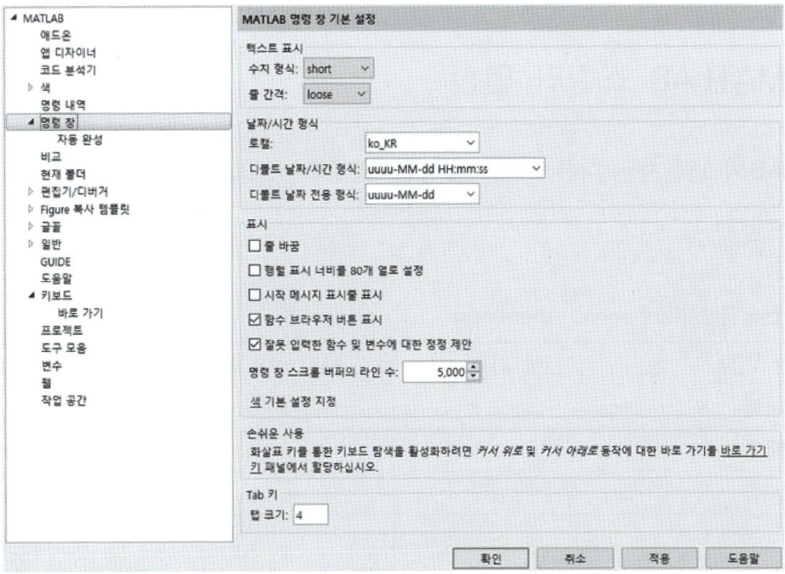

그림 8.1.5 MATLAB 명령창 기본 설정

파일을 편집하고 File > Save 또는 저장 아이콘을 실행하면 파일명 지정과 함께 기본적으로 *.m 확장자명으로 현재의 디렉터리에 저장된다. 파일 및 디렉터리 관리에 유용한 기본적인 명령어를 아래 표에 정리하였다.

표 8-1-2 MATLAB 파일 및 디렉터리 관리 명령어

명령어	기능
ls	현재 디렉터리에 있는 파일 리스트를 보여준다(list)
dir	현재 디렉터리에 있는 파일과 하위 폴더를 보여준다
mkdir	현재 디렉터리에 폴더를 생성한다(make directory)
rmdir	지정 폴더를 삭제한다(remove directory)
pwd	현재 사용 중인 디렉터리 경로를 보여준다
cd	폴더를 변경한다(cd or cd ..)
delete	파일 또는 변수를 지운다

8.2 MATLAB 기본연산

8.2.1 MATLAB 스칼라 연산

MATLAB의 연산자는 다른 프로그래밍언어(C, C++, Pascal 등)와 같이 세 종류의 연산자가 있다.

표 8-2-1 산술연산자(arithmetic operators)

연산 기능	연산 기호	MATLAB 기호	기능
덧셈	+	a+b	a+b
뺄셈	−	a−b	a−b
곱셈	×	a * b	a * b
나눗셈	÷	a / b	$\frac{a}{b}$
		a \ b	$\frac{b}{a}$

```
>> a=8, b=4
a =
     8
b =
     4
>> a+b
ans =
    12
>> a-b
ans =
     4
>> a*b
ans =
```

```
     32
>> a/b
ans =
      2
>> a\b
ans =
     0.5000
```

1) 관계연산자(relational operators) : 배열의 구성원소들의 “크다”, “작다”, “같다”, “같지 않다” 등 크기를 비교하는데 사용되는 연산자로 6종류가 있으며 연산 결과가 참이면 1, 거짓이면 0의 값을 반환한다.

표 8-2-2 **관계연산자(relational operators)**

연산 기능	연산 기호	MATLAB 기호
같다	=	==
다르다	≠	~=
이하	≤	<=
이상	≥	>=
초과	>	>
미만	<	<

여기서 a=8과 b=4로 앞에서 정의한 변수의 값을 그대로 유지하는 것을 기준으로 한다.

```
>> a==b
ans =
      0
>> a~=b
ans =
      1
>> a<=b
ans =
```

```
    0
>> a>=b
ans =
    1
>> a>b
ans =
    1
>> a<b
ans =
    0
```

논리연산자(logical operators) : “and”, “or”, “true”, ”false” 등과 같은 논리연산에 사용되는 연산자로 3종류가 있다. 연산자는 참이면 참값(1)을 반환하며, 여기서 참이란 0이 아닌 수(number)를 의미한다. 연산자는 적어도 한 값이 참이면 참값(1)을 반환한다. 연산자는 피 연산자의 부정을 의미한다.

표 8-2-3 논리연산자(logical operators)

연산 기능	연산 기호	MATLAB 기호
그리고	AND	&
또는	OR	|
부정	NOT	~

```
>> a&b
ans =
    1
>> a|b
ans =
    1
>> ~a
ans =
    0
>> c=~a
```

```
c =
      0
>> b&c
ans =
      0
```

연산자의 우선순위는 산술연산자-관계연산자-논리연산자 순이며, "( )"을 사용하여 수식에 취하면 연산과정에서 우선순위를 가진다.

표 8-2-4 연산자 우선순위

우선 순위	연산 기능	연산 기호
1	괄호	( )
2	멱승	^
3	곱셈, 나눗셈	* / \
4	덧셈, 뺄셈	+ −

MATLAB은 프로그램이 종료되거나 변수 값을 지우지 않는 한 항상 변수의 최종 값을 저장하고 있다. 따라서 연산과정 중에 변수 값에 새로운 값을 입력하는 것을 잊는 경우 의도하지 않는 연산을 수행할 수 있음을 명심해야 하며, 아래 표에 정리된 작업 세션을 관리하는 명령어를 유용하게 사용하기 바란다.

표 8-2-5 작업관리 명령어

명령어	기능
clc	명령 창을 지운다(clear command window)
clear	메모리 상의 모든 변수를 제거한다
save	파일 또는 변수를 저장한다
exist('F')	F라는 이름의 변수 또는 파일이 있는지 판단한다 (있으면 1, 없으면 0)
who	메모리 상에 있는 변수를 나열하여 보여준다
whos	메모리 상에 있는 변수와 크기를 나열하여 보여준다

MATLAB에서 사용되는 주요 지정 변수 또는 수학상수는 아래와 같다. 특히 i와 j는 허수로 지정되어 사용되기 때문에 변수로 사용하는 것을 지양해야 한다.

표 8-2-6 고유 지정 변수 및 상수

명령어	기능
eps	Floating-point relative accuracy [2^(−52)]
i	Imaginary unit
j	Imaginary unit
inf	Infinity
pi	Ratio of circle's circumference to its diameter
NaN	Nat-a-Number

eps는 MATLAB에서 기본적으로 설정되어 있는 변수 중 가장 작은 수로, 수학에서 보통 작은 수를 표현하는 기호인 epsilon(ϵ)의 앞 세 글자를 따서 정의한 변수이다.

```
>> eps(1)
ans =
   2.2204e-016
>> eps(2)
ans =
   4.4409e-016
```

참고로 실수의 최솟값과 최댓값은 realmin과 realmax라는 변수로 아래 보기와 같은 값을 가지며, 이 두 변수 범위에서 어떤 수라도 표현 가능하다.

```
>> realmin
ans =
   2.2251e-308
>> realmax
ans =
   1.7977e+308
>> i
```

```
ans =
        0 + 1.0000i
>> j
ans =
        0 + 1.0000i
>> inf
ans =
   inf
>> pi
ans =
    3.1416
```

MATLAB은 기본적으로 pi=3.1416과 같이 소수점 이하 4자리의 고정소수점(fixed-point)으로 설정(format)되어 있다. 이는 format 명령어를 사용하여 고정소수점의 수를 설정할 수 있는데, “long”은 소수점 이하 15자리까지 나타내고, “short”는 소수점 이하 4자리까지 나타낸다.

```
>> format long
>> pi
ans =
   3.141592653589793
>> format short
>> pi
ans =
    3.1416
```

수치연산에서 하나의 수를 고정소수점을 나타내는 부분(가수)과 고정소수점의 위치를 나타내는 부분(지수)으로 나누어 표현하는 것을 부동소수점(floating-point) 표기법이라 한다. 예를 들어, 100,000과 0.00001은 1.0×10^5과1.0×10^{-5}과 같이 부동소수점으로 표기하면 고정소수점과 비교하여 상대적으로 작은 메모리에 해당 수를 표현할 수 있다. MATLAB의 보다 자세한 고정소수점(fixed-point)과 부동소수점(floating-point) 설정은 다음과 같다.

표 8-2-7 Format type

short	Scaled fixed-point format with 4digits(default)
long	Scaled fixed-point format with 15digits
short e	Floating-point format with 4digits
long e	Floating-point format with 15digits
short g	Fixed or floating-point which is more readable
long g	Fixed or floating-point which is more readable
short eng	Engineering format with 4digits and a power
long eng	Engineering format with 16digits and a power

```
>> format short e
>> pi
ans =
3.1416e+000

>> format long e
>> pi
ans =
    3.141592653589793e+000

>> format short eng
>> pi
ans =
     3.1416e+000

>> format long eng
>> pi
ans =
    3.14159265358979e+000
```

"short g" 명령은 사용자가 읽기 편하도록 부동소수점을 자동으로 표현해 준다.

```
>> format short g
>> a=[10.000  20.1234  300.123456  987654321];
>> a
a =
          10       20.123       300.12  9.8765e+008
```

현재 설정된 format은 아래 명령을 통해 확인할 수 있으며, MATLAB이 종료되기 전까지는 가장 나중에 설정된 format이 유지된다. 여기서 clear는 메모리상의 사용자 지정 변수만을 제거하며 format은 그대로 유지됨을 기억하기 바란다.

```
>> get(0,'format')
ans =
shortG
```

컴퓨터에서 처리되는 정보의 최소단위는 0과 1의 이진법(binary) 한 자리 수로 표현되는 비트(bit, binary digit)이다. 그러나 비트 하나로는 0 또는 1의 두 가지 표현밖에 할 수 없으므로 8개의 비트를 묶어서 1바이트(byte)라고 하고 이를 정보처리의 기본단위로 삼고 있다. 1바이트는 2^8 즉, 256개의 정수를 저장한다. 실제 8비트 중 1비트는 부호를 저장하는데 사용되며 나머지 실제 숫자의 저장에는 7비트가 사용된다. 예를 들어, "int8"에 저장될 수 있는 값들의 범위는 −128에서 +127까지이다. intmin과 intmax 명령을 통해 확인해 보자.

```
>> intmin('int8')
ans =
 -128
>> intmax('int8')
ans =
  127
```

1바이트는 1캐릭터(character)라고도 부르는데, 1바이트를 가지고 한 개의 문자 즉, 캐릭터를 표현할 수 있기 때문이다. 이는 알파벳의 경우이고 한글을 표기하기 위해서는 한 문자당 2바이트를 사용한다. 2개의 비트를 쿼터(quarter), 4비트 묶음을 니블(nibble)이라 부르며, 대용량의 정보나 기억장치의 크기는 킬로바이트(1,024byte, 2^{10}byte, kilo-byte, KB), 메가바이트(2^{20}byte, mega-byte, MB), 기가바이트(2^{30}byte, giga-byte, GB), 테라바이트(2^{40}byte, terra-byte, TB) 등으로 부른다.

컴퓨터의 레지스터(register)를 구성하는 비트의 수에 따라 한 번의 연산으로 취급하는 데이터의 정밀도(precision)가 정해진다. 단정밀도(single precision)란 컴퓨터로 연산을 할 고정소수점(fixed-point) 표시나 부동소수점(floating-point) 표시 등의 기수부에 해당하는 부분의 연산 정도(precision)를 의미하며, 단정밀도의 두 배로 연산하는 것을 배정밀도(double precision)라 한다. MATLAB에서 숫자들은 기본적으로 배정밀도로 저장된다.

```
>> format long
>> a=pi;
>> b=single(a);
>> whos
  Name      Size            Bytes  Class     Attributes
  a         1x1                 8  double
  b         1x1                 4  single
```

8.2.2 MATLAB 함수(functions)와 연산

MATLAB은 변수의 크기나 종류를 미리 선언할 필요가 없다. 또한, MATLAB의 가장 강력한 기능 중의 하나는 거의 모든 수학함수를 내장함수로 포함하고 있다는 것이다. 각 함수에 대한 설명을 아래와 같이 help 또는 lookfor 명령어를 사용하여 확인할 수 있다.

표 8-2-8 함수의 종류

함수의 종류	명칭	내용
기본함수	elfun	기본적인 수학함수(elementary math functions)
특수함수	specfun	특수기능을 가지는 수학함수(specialized math functions)
행렬함수	elmat	행렬처리를 위한 함수 (elementary matrices and matrix manipulation)

```
>> help elfun
>> lookfor elmat
```

MATLAB 기본함수는 삼각함수(trigonometric), 지수함수(exponential), 복소함수(complex) 등으로 구성되어 있다.

표 8-2-9 삼각함수

sin( )	sine; result in radians
sind( )	sine; result in degrees
sinh( )	hyperbolic sine
cos( )	cosine; result in radians
cosd( )	cosine; result in degrees
cosh( )	hyperbolic cosine
tan( )	tangent; result in radians
tand( )	tangent; result in degrees
tanh( )	hyperbolic tangent
sec( )	secant in radians
csc( )	cosecant in radians
cot( )	cotangent in radians
asin( )	inverse sine; result in radians
asind( )	inverse sine; result in degrees
asinh( )	inverse hyperbolic sine
acos( )	inverse cosine; result in radians
acosd( )	inverse cosine; result in degrees
acosh( )	inverse hyperbolic cosine
atan( )	inverse tangent; result in radians
atand( )	inverse tangent; result in degrees
atanh( )	inverse hyperbolic tangent

```
>> sind(30)
ans =
    0.5000
>> sin(30*pi/180)
ans =
    0.5000
```

표 8-2-10 지수함수

exp( ) expm1( )	Exponential Compute exp(x)-1 accurately for small values of x
log( ) log10( ) log2( )	Natural logarithm Common logarithm (base 10) Base 2 logarithm
pow2( ) sqrt( )	Base 2 power and scale floating-point numbers Square root

표 8-2-11 복소함수

abs( )	Absolute value and complex magnitude
angle( )	Phase angle
complex(a,b)	Construct real and imaginary components
conj( )	Complex conjugate
real( )	Real part of complex number
imag( )	Imaginary unit

```
>> z=complex(2,3)
z =
   2.0000 + 3.0000i
>> z=2+3j
z =
   2.0000 + 3.0000i
>> conj(z)
ans =
   2.0000 - 3.0000i
```

다음은 MATLAB 내장함수 중 미적분 관련 주요 명령어와 기능을 나타낸다. 사용 시 주의할 것은 먼저 적분변수 또는 상수를 아래와 같이 기호로 지정해 주어야 한다.

```
>> syms x a
```

즉, 명령 창이 실행되는 동안에는 x와 a는 기호로 인식하게 된다. 이 구문은 아래와 지정해 주어도 되며, clear 명령을 사용하면 모두 초기화된다.

```
>> x = sym('x','real');    >> a = sym('y','real');
```

표 8-2-12 미적분 관련 주요 명령어와 기능

명령어	기능
diff( )	Differentiate symbolic expression diff(fn) diff(fn, x) diff(fn, sym('x')) diff(fn, n) diff(fn, x, n) diff(fn, n, x)
int( )	Integrate symbolic expression int(fn) int(fn, v) int(fn, a, b) int(fn, v, a, b)
limit( )	Compute limit of symbolic expression limit(fn, x, a) limit(fn, a) limit(fn) limit(fn, x, a, 'left') limit(fn, x, a, 'right')
taylor( )	Taylor series expansion taylor(f) taylor(f, n) taylor(f, a) taylor(f, n, v) taylor(f, n, v, a)
symsum( )	Evaluate symbolic sum of series r = symsum(f) r = symsum(f, v) r = symsum(f, a, b) r = symsum(f, v, a, b)

연습문제

문제 8.2.1 아래 MATLAB 함수를 이용하여 아래 계산을 검증하시오.

diff( )

$$\begin{cases} \dfrac{d(\sin x)}{dx} = \cos x \\ \dfrac{d(\cos x)}{dx} = -\sin x \\ \dfrac{d(\cos ax)}{dx} = -a\sin ax \\ \dfrac{d^3(\cos ax)}{dx^3} = a^3\sin ax \\ \dfrac{d\ln x}{dx} = \dfrac{1}{x} \\ \dfrac{d\log x}{dx} = \dfrac{1}{x\ln(10)} \end{cases}$$

int( )

$$\begin{cases} \int \sin x dx = -\cos x \\ \int_0^{\pi/2} \cos x dx = 1 \\ \int \dfrac{dx}{x^2+a^2} = \dfrac{1}{a}\tan^{-1}\dfrac{x}{a} \\ \int e^{ax}\sin(bx)dx = \dfrac{e^{ax}}{a^2+b^2}(a\sin(bx) - b\cos(bx)) \end{cases}$$

limit( )

$$\begin{cases} \lim_{x\to 0}\left(\dfrac{\sin(x)}{x}\right) = 1 \\ \lim_{x\to 0+}\left(\dfrac{1}{x}\right) = \infty \\ \lim_{x\to 0-}\left(\dfrac{1}{x}\right) = -\infty \end{cases}$$

taylor( )

$$\begin{cases} e^x \\ \cos(x) \\ \sin(x) \end{cases}$$

symsum( )

$$\begin{cases} \sum_{x=0}^{10} x^2 \\ \sum_{x=1}^{\infty} \dfrac{1}{x^2} \\ \sum_{m=0}^{5} \dfrac{x^m}{m!} \end{cases}$$

문제 8.2.2 미지수의 값이 $x=3$, $y=5$일 때 다음의 스칼라 연산을 계산하시오.

$$f_1 = \frac{xy^3}{(x-y)^{1/5}}$$

$$f_2 = \frac{2}{x} + \frac{x}{(5y - x^{2.1})}$$

$$f_3 = 2\pi x + e^{(y - 0.5x^{-2/3})}$$

$$f_4 = \frac{1}{\sqrt{x}} + 2\log\left(\frac{y}{3.7} + \frac{2.51}{\sqrt[3]{y}}\right)$$

$$f_5 = \sum_{n=1}^{4} f_n$$

문제 8.2.3 MATLAB 함수를 사용하여 아래 미분을 계산하시오.

$$(\cos^{-1}x)'$$

$$(\sin^{-1}x)'$$

$$(\tan^{-1}x)'$$

$$(\cot^{-1}x)'$$

$$(\ln x^{a})'$$

문제 8.2.4 MATLAB 함수를 사용하여 아래 적분을 계산하시오.

$$\int \csc x dx$$

$$\int_0^{\pi/2} \cot x dx$$

$$\int \frac{dx}{\sqrt{a^2 - x^2}}$$

$$\int \frac{dx}{\sqrt{x^2 + a^2}}$$

$$\int e^{ax} \sin(bx) dx$$

8.3 행렬과 대수연산(Matrices and Algebraic Operations)

8.3.1 행렬의 구성

MATLAB에서 행렬은 square bracket, [ ]으로 표시하며, 열(column)의 원소들은 comma(,) 또는 blank로 구분하고, 행(row)은 semicolon(;)으로 구분한다.

```
>> A = [1 2 3; 4, 5, 6; 7 8, 9]
A =
1    2    3
4    5    6
7    8    9
```

구성된 행렬의 특정 행과 열의 요소를 변경하고자 하려면,

```
>> A(2,3) =100
A =
1    2    3
4    5  100
7    8    9
```

위에서 정의된 행렬 A는 콜론(:)연산자를 사용해 구성할 수도 있다.

```
>> A=[1:3; 4:6; 7:9]
A =
      1    2    3
      4    5    6
      7    8    9
```

행렬 A의 3행의 모든 열을 선택하는 경우

```
>> A(3,:)
ans =
     7     8     9
```

행렬 A의 3열의 모든 행을 선택하는 경우

```
>> A(:,3)
ans =
     3
     6
     9
```

Colon(:)은 MATLAB 연산자 중에서 가장 중요한 연산자 중 하나이다. MATLAB을 얼마나 효율적으로 잘 사용하느냐는 콜론 연산자를 얼마나 잘 사용하느냐에 달려 있다고 해도 과언이 아니다. a:c의 의미는 정수 a부터 c까지 1씩 증가하는 벡터를 의미하며, a:b:c는 a부터 c까지 b씩 증가하는 벡터를 의미한다.

```
>> x=1:10
x =
     1     2     3     4     5     6     7     8     9    10

>> x=[1:2:10]
x =
     1     3     5     7     9

>> x=[10:-2:1]
x =
    10     8     6     4     2
```

정의	기능
A(: , j)	A 행렬의 j번째 열(column)
A(i , :)	A 행렬의 i번째 행(row)
A(: , :)	A 행렬과 동일한 2차원 배열
A(j : k)	열벡터의 j번째 원소부터 k번째까지의 원소
A(:, j : k)	A 행렬의 j번째부터 k번째까지의 열벡터
A(:, :, k)	3차원 행렬 A의 k번째 페이지(page)
A(:)	A 행렬의 모든 원소를 열벡터로 배열

아래 표에 정리된 기호들은 MATLAB에서 아주 중요하고도 유용하게 사용되기 때문에 초보 사용자들은 아래 기호들의 기능과 사용법을 명확히 이해하는 것이 중요하다.

정의	명칭	기능
;	semicolon	행렬에서 행(row)을 구분한다
:	colon	1 : 10(1과 10 사이의 수를 1간격으로 나눠 벡터로 구성한다)
,	comma	행렬의 원소를 구분한다 명령어 또는 명령문을 구분하다
.	period	행렬의 원소들 간의 연산에 사용한다
' .'	apostrophe period-apostrophe	공액복소 벡터의 전치행렬 일반 행렬의 전치행렬

행렬 A의 전치행렬(transpose)은

```
>> A'
ans =
     1     4     7
     2     5     8
     3     6     9
>> A.'
ans =
     1     4     7
     2     5     8
     3     6     9
```

```
>> B=[1+2i, 3-4i]
B =
    1.0000 + 2.0000i    3.0000 - 4.0000i

>> B'
ans =
    1.0000 - 2.0000i
    3.0000 + 4.0000i

>> B.'
ans =
    1.0000 + 2.0000i
    3.0000 - 4.0000i
```

8.3.2 행렬의 연산

MATLAB 행렬 연산자와 기능은 다음과 같다.

기호	기능		함수
+	Addition	A+B	plus(A,B)
−	Subtraction	A−B	minus(A,B)
*	Multiplication	A*B A.*B	mtimes(A,B) times(A,B)
/	Right matrix division	A/B A./B	mrdivide(A,B) rdivide(A,B)
\	Left matrix division	A\B A.\B	mldivide(A,B) ldivide(A,B)
^	Power	A^B A.^B	mpower(A,B) power(A,B)
’	Complex transpose	A’	ctranspose(A)
.’	Transpose	A.’	transpose(A)

행렬 연산에서 먼저 명심해야 할 것은 MATLAB의 모든 연산과 data 처리는 “열(column) 벡터” 방향이다.

```
>> A=[1:3;4:6;7:9]
A =
     1     2     3
     4     5     6
     7     8     9

>> sum(A)
ans =
    12    15    18

>> sum(A')
ans =
     6    15    24

>> B=magic(3)


B =
     8     1     6
     3     5     7
     4     9     2

>> C=A+B
C =
     9     3     9
     7    10    13
    11    17    11

>> C=A-B
C =
    -7     1    -3
     1     0    -1
     3    -1     7
>> D=A*B
D =
    26    38    26
    71    83    71
   116   128   116
```

연산자 .*는 행렬 A와 B의 각 원소끼리의 곱(array multiplication)을 의미하며 연산결과는 행렬 A, B와 같은 차원을 가진다.

```
>> E=A.*B
E =
     8     2    18
    12    25    42
    28    72    18
```

연산자 .\는 행렬 A와 B의 각 원소끼리의 나누기(array left division)로 B(i, j)/A(i, j)에 해당하며, 연산자 ./는 A(i, j)/B(i, j)를 의미하며 연산결과는 행렬 A, B와 같은 차원을 가진다.

```
>> A.\B
ans =
    8.0000    0.5000    2.0000
    0.7500    1.0000    1.1667
    0.5714    1.1250    0.2222
>> A./B
ans =
    0.1250    2.0000    0.5000
    1.3333    1.0000    0.8571
    1.7500    0.8889    4.5000
```

Z'는 행렬 Z의 복소공액(complex conjugate) 벡터의 전치를 의미하며 Z. '은 행렬 Z의 일반 전치행렬을 의미한다. 이 두 연산자의 차이를 명확하게 이해하고 있어야 한다.

```
>> z=[1+2i 2-4i]
z =
   1.0000 + 2.0000i   2.0000 - 4.0000i
```

```
>> z'
ans =
    1.0000 - 2.0000i
    2.0000 + 4.0000i
>> z.'
ans =
    1.0000 + 2.0000i
    2.0000 - 4.0000i

>> z*z'
ans =
     25

>> z*z.'
ans =
  -5.0000 -12.0000i
```

8.3.3 행렬의 연산에 사용되는 다양한 기본명령어와 기능

MATLAB은 행렬의 구성 및 연산에 사용되는 다양하고 편리한 기능을 갖추고 있으며 대표적인 내장함수는 다음과 같다.

행렬 정보(Basic Information)	
disp(A)	Display text or array
length(A)	Length of vector or largest array dimension
max(A)	Largest elements in array
min(A)	Smallest elements in array
ndims(A)	Number of array dimensions
numel(A)	Number of elements in array
size(A)	Array dimensions

행렬 구성(Array Manipulation)	
diag(A)	Diagonal matrices and diagonals of matrix
fliplr(A)	Flip matrix left to righ
flipud(A)	Flip matrix up to down

행렬 연산(Array Operations)	
cross(A,B)	Vector cross product
dot(A,B)	Vector dot product
sum(A)	Sum of array elements
tril(A)	Lower triangular part of matrix
triu(A)	Upper triangular part of matrix
prod(A)	Product of array elements
mean(A)	Average of column vectors
std(A)	Standard Deviation of column vectors
cond(A)	Condition number with respect to inversion
det(A)	Matrix determinant
norm(A)	Vector and matrix norms
rank(A)	Rank of matrix
trace(A)	Sum of diagonal elements
lu(A)	LU matrix factorization
inv(A)	Matrix inverse
eig(A)	Eigenvalues and eigenvectors

특수 행렬 연산(Specialized Matrices)	
compan( )	Companion matrix
hadamard(A,B)	Hadamard matrix
hankel(A)	Hankel matrix
hilb(A)	Hilbert matrix
magic(A)	Magic square
pascal(A)	Pascal matrix
rand(m,n)	Uniformly distributed pseudorandom matrix

MATLAB이 제공하는 유용한 연산자 중 왼쪽 나눗셈(left division)이 있다. 백슬래시는 A*x=b에 해당하는 선형 연립방정식의 해를 구하는데 유용하게 사용할 수 있다.

$$x_1 + 3x_2 + 2x_3 = 1$$

$$3x_1 + 5x_2 + 6x_3 = 2$$

$$3x_1 + 3x_2 + 4x_3 = 3$$

$$\begin{bmatrix} 1 & 3 & 2 \\ 3 & 5 & 6 \\ 3 & 3 & 4 \end{bmatrix} \begin{bmatrix} x_1 \\ x_2 \\ x_3 \end{bmatrix} = \begin{bmatrix} 1 \\ 2 \\ 3 \end{bmatrix}$$

$$Ax = b \rightarrow A^{-1}Ax = A^{-1}b \rightarrow x = A \setminus \mathrm{b}$$

```
>> A=[1,3,2 ; 3,5,6 ; 3,3,4]
A =
    1    3    2
    3    5    6
    3    3    4
>> b=[1 ; 2; 3]
b =
    1
    2
    3
>>x=inv(A)*b
ans =
  1.7500
  0.2500
-0.7500
>> x= A\b
ans =
  1.7500
  0.2500
-0.7500
>> x= mldivide(A,b)
ans =
  1.7500
  0.2500
-0.7500
```

$$x_1 + 3x_2 + 2x_3 = 1$$

$$3x_1 + 5x_2 + 6x_3 = 2$$

$$3x_1 + 3x_2 + 4x_3 = 3$$

$$\begin{bmatrix} x_1 & x_2 & x_3 \end{bmatrix} \begin{bmatrix} 1 & 3 & 3 \\ 3 & 5 & 3 \\ 2 & 6 & 4 \end{bmatrix} = \begin{bmatrix} 1 & 2 & 3 \end{bmatrix}$$

$$xA = b \rightarrow xAA^{-1} = bA^{-1} \rightarrow x = b/A$$

```
>> x=b*inv(A)
ans =
    1.7500    0.2500   -0.7500
>> x=b/A
ans =
    1.7500    0.2500   -0.7500
>> x=mrdivide(b,A)
ans =
    1.7500    0.2500   -0.7500
```

A\b는 A 행렬의 역행렬(inverse matrix, inv(A))과 b 벡터의 곱을 의미하며, b/A는 b벡터와 A 행렬의 역행렬의 곱을 의미한다. 따라서 역행렬과 함께 행렬의 왼쪽(\)과 오른쪽(/) 나눗셈 연산자의 기능을 명확하게 이해해야 한다. 그 외 행렬 연산과 관계된 명령문의 기능을 살펴보자.

```
>> Z = zeros(2,4)
Z =
     0     0     0     0
     0     0     0     0
>> F = 5*ones(3,3)
F =
     5     5     5
     5     5     5
     5     5     5
```

```
>> N = fix(10*rand(1,10))
N =
     9     2     6     4     8     7     4     0     8     4

>>R = rand(4,4)
R =
-2.1384    0.9610   -0.1977    1.3790
   -0.8396    0.1240   -1.2078   -1.0582
    1.3546    1.4367    2.9080   -0.4686
   -1.0722   -1.9609    0.8252   -0.2725
>>inv(R)
ans =
   -0.2931   -0.2907   -0.0784   -0.2195
    0.1707    0.2147    0.1804   -0.2806
    0.0785   -0.0690    0.2574    0.2227
    0.1630   -0.6104   -0.2104   -0.1129

>>B = magic(4)
B =
    16     2     3    13
     5    11    10     8
     9     7     6    12
     4    14    15     1
```

행렬 B의 1 2 3 4 열벡터와 행벡터 순서를 1 3 2 4로 바꾸려면,

```
>> B(:,[1 3 2 4])
ans =
    16     3     2    13
     5    10    11     8
     9     6     7    12
     4    15    14     1
```

```
>> B([1 3 2 4],:)
ans =
    16     2     3    13
     9     7     6    12
     5    11    10     8
     4    14    15     1
```

쉬어가는 이야기

Magic square(마방진, 魔方陣)는 1에서 n^2까지의 정수를 n행 n열의 정사각형 모양으로 나열하여 가로 · 세로 · 대각선의 합이 전부 같아지도록 한 배열을 의미한다. 방진(方陣) 또는 마법진이라고도 하며, 정사각형에 1면에 나열된 수의 개수 n에 따라서 n방진, 즉 3방진, 4방진 등이라 한다. 합은 3방진에서 15, 4방진에서는 34, 5방진에서는 65가 되며, n방진의 합은 아래 식으로 표현된다.

$$M = \frac{n(n^2+1)}{2}$$

방(方)은 정사각형, 진(陣)은 나열한다는 뜻으로 중국에서는 기원전 650년 하(夏)나라 우(禹)왕 시대에 매년 황하가 범람하여 치수공사를 하는 과정에 강 한가운데서 큰 거북이 나타났는데, 이 거북의 등에 신비한 무늬가 새겨져 있었다고 한다. 이상하게 여긴 우왕이 이 거북의 등에 새겨진 무늬에 대해 알아보게 하였고, 거북의 등에 새겨진 그림은 1부터 9까지의 숫자를 점의 개수로 나타낸 것으로 가로, 세로로 3개씩 총 9개의 숫자가 적혀 있음을 알았다. 그런데 신기한 것은 이 수들의 배열이 가로, 세로, 대각선으로 더하여도 합이 항상 같은 값인 15라는 점이었다. 이것이 바로 마방진의 시초이고 당시의 사람들은 이를 낙서(洛書), 낙도(洛圖), 하도(河圖) 등이라 하였고, 이것과 오행설(五行說)을 결부시켜 일백수성(一白水星)이라거나 사록목성(四綠木星)이라 하여 운세 판단에 응용하기도 했다. 중국에서 마방진이 기록된 책은 송(宋)나라의 양휘산법(揚輝算法, 1275)이 최초인데, 여기에는 3방진부터 8방진까지 취급되고 있다. 또, 명(明)나라의 정대위(程大位)가 지은 산법통종(算法統宗, 1593)에는 3방진부터 10방진까지 실려있다.

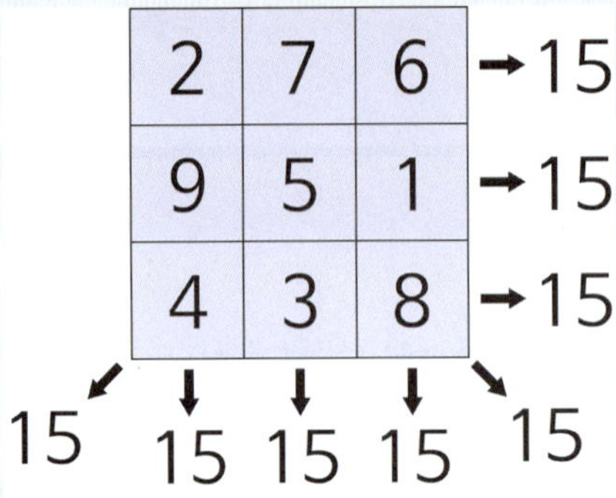

그림 8.3.1 3x3 magic square

그림 8.3.2 아라비아 숫자로 새겨진 중국의 6방진 금속활자본(1275)

유럽에서는 1514년 독일의 Albrecht Durer의 판화에 나타난 4방진이 최초의 문서로 기록되어있다.

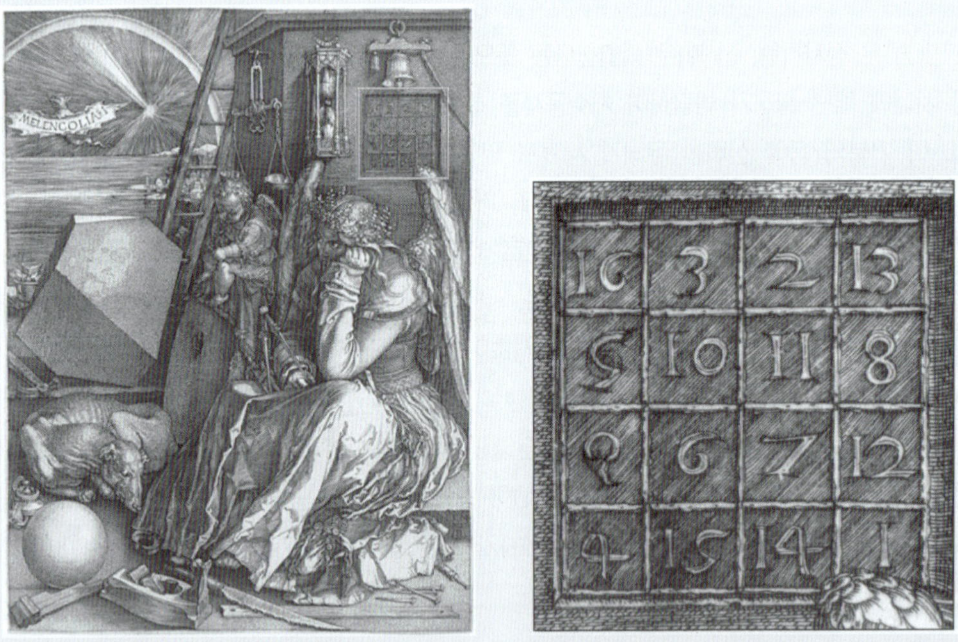

그림 8.3.3 Melancholia I by Albrecht Durer (German painter, mathematician) & Magic square matrix

연습문제

문제 8.3.1 다음 행렬 연산을 수행하시오.

1) 콜론 연산자를 사용하여 1부터 100까지 50개의 값을 갖는 행벡터 x를 생성하시오.

2) 콜론 연산자를 사용하여 1부터 100까지 50개의 값을 갖는 열벡터 y를 생성하시오.

3) x와 y의 행렬 곱을 수행하시오.

문제 8.3.2 linspace( ) 함수를 이용하여 다음 행렬을 생성하고 각 벡터의 원소의 곱을 계산하시오.

1) $x = 1\ 2\ 3\ 4\ 5\ 6\ 7\ 8\ 9$

2) $y = 18\ 15\ 22\ 29\ 36\ 43\ 50\ 57\ 64$

3) 각 벡터의 원소의 곱을 계산하시오.

문제 8.3.3 다음 행렬을 생성하고 질문에 답하시오.

$$A = \begin{bmatrix} 3 & 7 & 9 & 2 \\ -10 & 5 & 8 & 1 \\ 13 & 6 & 11 & 2 \\ 1 & 18 & 5 & 2 \end{bmatrix} \quad B = \begin{bmatrix} 13 & 72 & 59 & 24 \\ -10 & 35 & 38 & -11 \\ 213 & 64 & 11 & 82 \\ 41 & 108 & 5 & 22 \end{bmatrix} \quad C = magic(4)$$

1) A의 두 번째 열에 있는 원소로 구성된 벡터 a를 생성하시오.

2) A의 세 번째 행에 있는 원소로 구성된 벡터 b를 생성하시오.

3) A와 B의 행렬 곱을 수행하시오.

4) A 원소를 B 원소로 나누시오.

5) A 원소의 거듭제곱을 구하시오.

문제 8.3.4 위에서 주어진 행렬에 대해 주어진 연상을 수행하고 성립 여부를 관계연산자로 답하시오.

1) $(B+C)A = BA + CA$

2) $(AB)C = C(AB)$

문제 8.3.5 다음 두 벡터의 내적을 계산하시오.

$$\begin{cases} \vec{a} = 2i - 7j + 5k \\ \vec{b} = 4i + 2j - 8k \end{cases}$$
$$\vec{a} \cdot \vec{b} = c$$

문제 8.3.6 다음 두 벡터의 외적을 각각 계산하고 외적의 경우 교환법칙이 성립하지 않음을 관계연산자를 사용하여 보이시오.

$$\begin{cases} \vec{a} = 1i - 2j + 3k \\ \vec{b} = 4i + 5j - 6k \end{cases}$$
$$\vec{a} \times \vec{b} = \vec{c}$$
$$\vec{b} \times \vec{a} = \vec{d}$$

문제 8.3.7 다음 연립방정식의 해를 구하시오.

$$
\begin{aligned}
2x_1 - 13x_2 + 5x_3 + x_4 &= 4 \\
x_1 + 4x_2 - 26x_3 + 5x_4 &= 102 \\
6x_1 - 3x_2 + 14x_3 + 2x_4 &= 54 \\
62x_1 - 13x_2 + 10x_3 + 4x_4 &= 9
\end{aligned}
$$

문제 8.3.8 위 연립방정식의 계수행렬에 대해 아래 값을 계산하시오.

1) 계수행렬의 norm을 계산하시오.

2) 계수행렬의 rank를 계산하시오.

3) 고윳값(eigenvalues)과 고유벡터(eigenvectors)를 계산하시오.

문제 8.3.9 Random 기능을 이용하여 임의의 3×3 행렬 A를 만들고, 2행의 모든 원소를 한 번에 삭제 후 2×3 행렬로 만드시오.

문제 8.3.10 내장함수를 이용하여 4×4 Magic square 행렬 A를 만들고, A의 상삼각행렬을 B로, 하삼각행렬을 C로 지정하여 D는 B와 C의 원소의 곱을, E는 B의 요소에 대응하는 C의 요소로 나누는 연산을 수행하시오.

문제 8.3.11 내장함수를 이용하여 3차 방정식의 세 근을 행벡터로 출력하고 근의 합을 구하시오.

$$x^3 - 4x^2 + 3x + 2 = 0$$

8.4 MATLAB 그래프(graphics)

8.4.1 기본 그래프

MATLAB을 이용한 수치계산에서 또 하나의 편리한 점은 계산 및 분석 결과를 바로 그래프를 통해 보여준다는 것이다. 아래와 같이 사인함수를 그려보자.

```
>> x = 0 : pi/100 : 2*pi;
>> y = sin(x);
>> plot(x,y)
```

그 결과는 아래 그림과 같이 자동으로 생성된다. 그래프는 편집 툴을 이용하여 다양한 형태로 편집 가능하며 다양한 형식의 그림 파일로 저장할 수 있다.

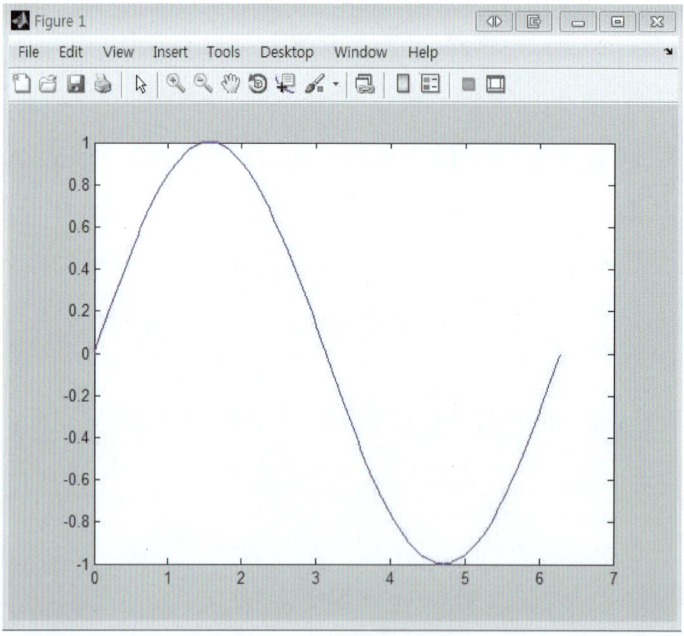

그림 8.4.1 sin(x) 그래프

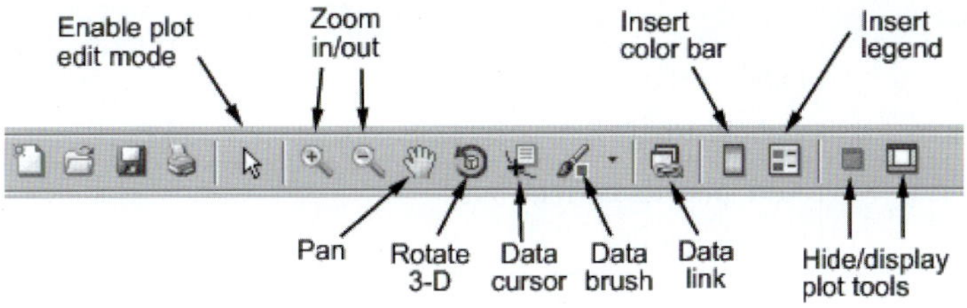

그림 8.4.2 그래프 편집 툴바(Toolbar)

그래프의 다양한 기능은 직접 명령을 통해 구현할 수 있으며, 아래 표에 정리된 다양한 그래프 명령어를 알고 있으면 편집 툴을 이용하여 추가적인 작업을 하지 않고도 신속하게 일률적으로 그래프 작업을 수행할 수 있다.

```
>> xlabel('x = 0:2\pi')
>> ylabel('Sine of x')
>> title('Plot of the Sine Function','FontSize',12)
```

명령어	기능/명령문
axis	Axis scaling axis([xmin xmax ymin ymax])
box	Axes border box on, box off
grid	Grid lines grid on, grid off
hold	Retain current graph in figure hold on, hold off
legend	Graph legend for lines legend('string1','string2',…)
line	Create line object line(X,Y, 'PropertyName',propertyvalue,…)
LineSpec	Line Specification Style, Color, Marker specifiers
LineWidth	Line Width (default is 0.5 points)
xlabel	Label x-axis xlabel('string')

명령어	기능/명령문
ylabel	Label y-axis ylabel('string')
title	Add title to current axes title('string')
xlim	Set x-axis limit xlim([xmin xmax])
ylim	Set y-axis limit xlim([xmin xmax])

예제 8.4.1-1

주어진 수식은 자유낙하 하는 물체의 속도를 나타낸다. 그 결과를 2차원 그래프로 작성하시오.

$$V(t)=\sqrt{\frac{mg}{C_D^*}}\tanh\left(\sqrt{\frac{C_D^* g}{m}}\,t\right)$$

```
>> t=[0:2:20];
>> g=9.81; m=68.1; cd=0.25;
>> v=sqrt(g*m/cd)*tanh(sqrt(g*cd/m)*t);
>> plot(t,v)
>> title('Free Falling Problem')
>> xlabel('Time [s]')
>> ylabel('Velocity [m/s]')
>> grid on
```

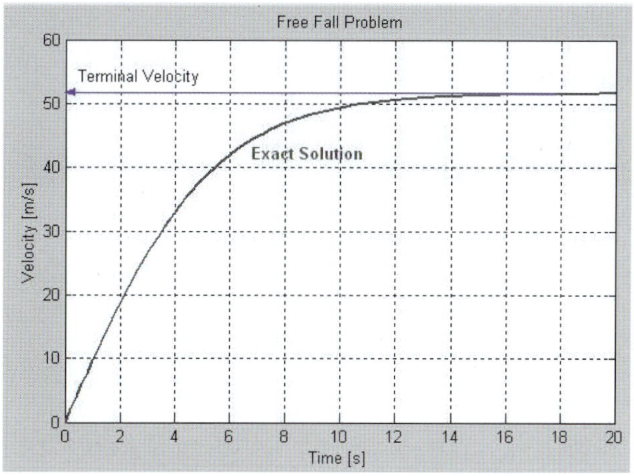

예제 8.4.1-2

여러 개의 그래프를 중복하여 함께 표시하고, 선 스타일이과 색상을 개별적으로 지정하시오.

```
>> x=-pi:pi/20:pi;
>> y1=cos(x);
>> y2=sin(x);
>> plot(x,y1,'-ro',x,y2,'-b')
>> h = legend('cos_x','sin_x', NorthWest);
```

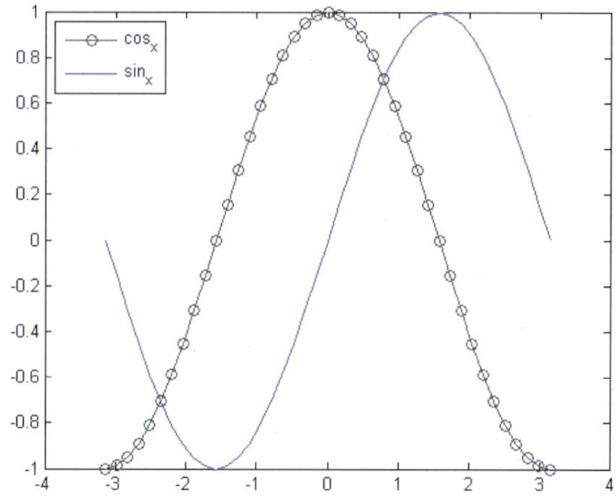

```
>> x = [0:.2:20];
>> y = sin(x)./sqrt(x+1);
>> y(2,:) = sin(x/2)./sqrt(x+1);
>> y(3,:) = sin(x/3)./sqrt(x+1);
>> plot(x,y)
>> grid on
```

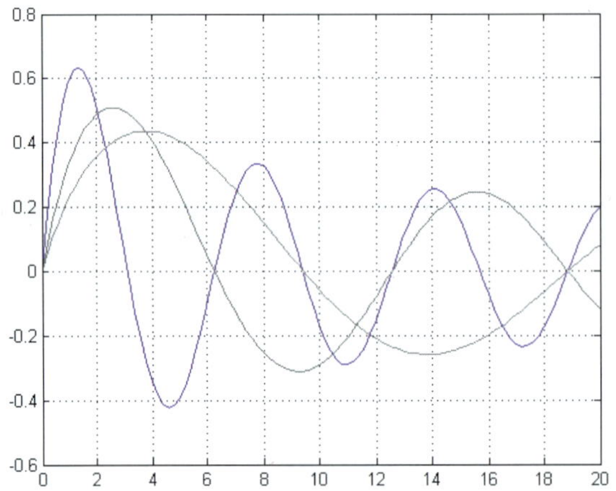

지정된 선 스타일, 심볼(symbol) 및 색상을 다음과 같이 구분하여 사용할 수 있다.

Symbol	Line Style
'–'	Solid line (default)
'—'	Dashed line
':'	Dotted line
'–.'	Dash-dot line
'none'	No line
Marker	Description
'+'	Plus sign
'o'	Circle
'*'	Asterisk
'.'	Point
'x'	Cross
's' or 'square'	Square
'd' or 'diamond'	Diamond

RGB Value	name
[1 0 0]	r (red)
[0 1 0]	g (green)
[0 0 1]	b (blue)
[0 1 1]	c (cyan)
[1 0 1]	m (magenta)
[0 0 0]	k (black)
[1 1 1]	w (white)

앞서 설명한 바와 같이 MATLAB은 초보 사용자도 쉽게 사용할 수 있도록 모든 기능에 대한 자세한 설명과 다양한 예제를 포함하고 있으며, "Help Browser"를 유용하게 사용하여 MATLAB에서 구현 가능한 그래프의 기능을 최대한 활용하기 바란다.

8.4.2 특수한 형태의 2차원 그래프

MATLAB은 다양한 형태의 그래프 표현을 지원하고 있으며, 그 중 로그(log) 축으로 표현하는 방법과 극좌표형, 막대형, 계단형 그래프 등의 사용법을 예제를 통해 살펴보자. 먼저 로그 좌표축 설정을 위한 아래 3개 형태의 명령을 사용할 수 있다.

명령어	기능
loglog(x,y)	x, y축을 로그좌표로 표현한다
semilogx(x,y)	x축을 로그좌표로 표현한다
semilogy(x,y)	y축을 로그좌표로 표현한다

예제 8.4.2-1

예제 $x=0$부터 100까지 변할 때 아래 함수를 계산하여 x, y축을 자연로그(natural logarithm) 스케일로 그리시오.

$$y(x) = \left[100\times(1-0.01\times x^2)^2+0.02\times x^2\right]^{1/2}$$

```
>> x=[0:100];
>> y=sqrt(100*(1-0.01*x.^2).^2+0.02*x.^2);
>> plot(x,y)
>> loglog(x,y)
```

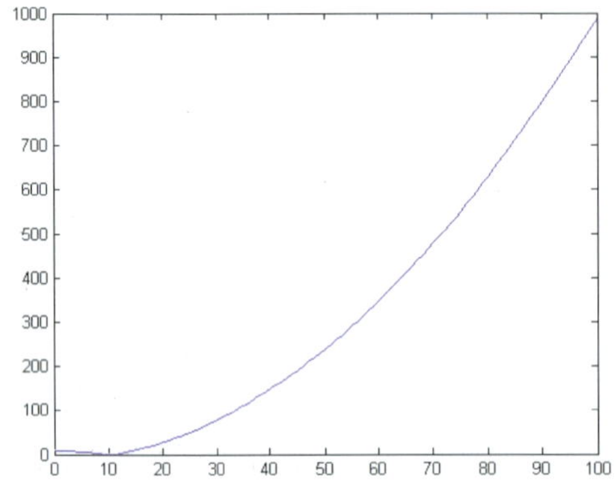

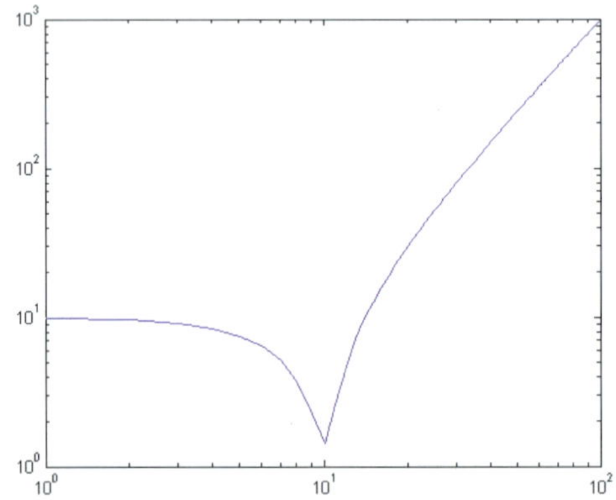

함수	설 명
log	자연로그(natural logarithm): base e
log10	상용로그(common logarithm): base 10
logm	행렬로그(matrix logarithm)

예제 8.4.2-2

극좌표(ezpolar) 그래프 그리기

```
>> ezpolar('1+sin(t)+cos(t)')
```

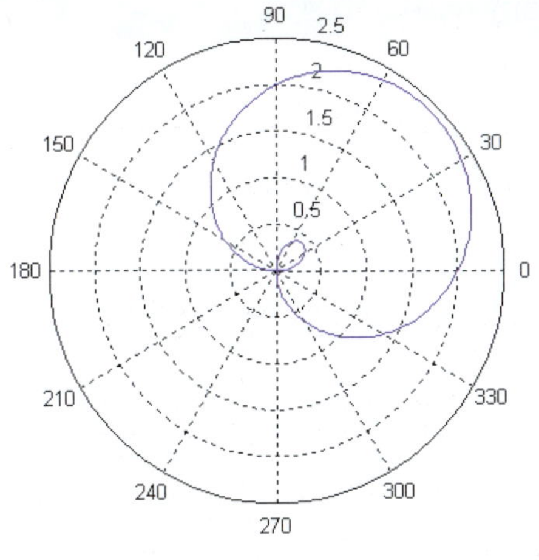

r = 1+sin(t)+cos(t)

예제 8.4.2-3

분포된 데이터, 줄기(stem) 그래프 그리기

```
>> x = 0:25;
>> y = [exp(-.07*x).*cos(x);exp(.05*x).*cos(x)]';
>> h = stem(x,y);
>> set(h(1),'MarkerFaceColor','blue')
>> set(h(2),'MarkerFaceColor','red','Marker','square')
```

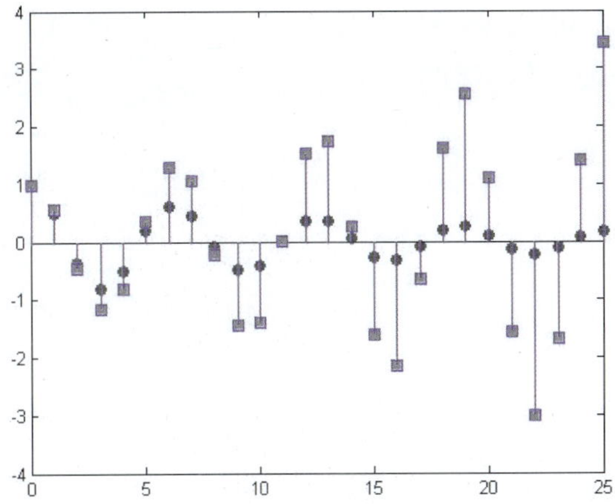

예제 8.4.2-4

계단형(stairs) 그래프 그리기

```
>> x= linspace(-2*pi,2*pi,40);
>> stairs(x,sin(x))
```

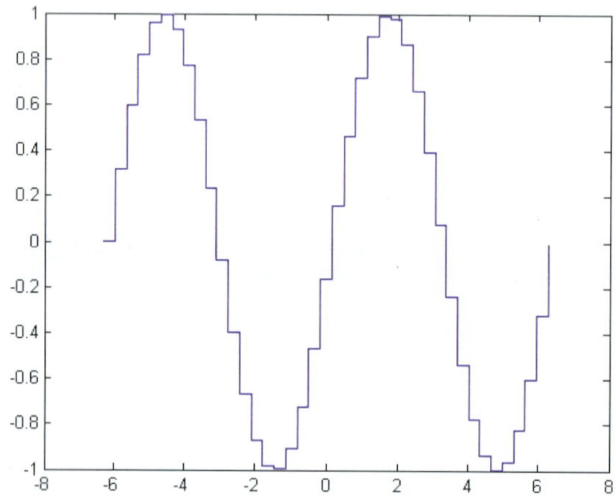

예제 8.4.2-5

막대(bar) 그래프 그리기

```
>> x = -2.9: 0.2: 2.9;
>> bar(x, exp(-x.*x), 'r')
```

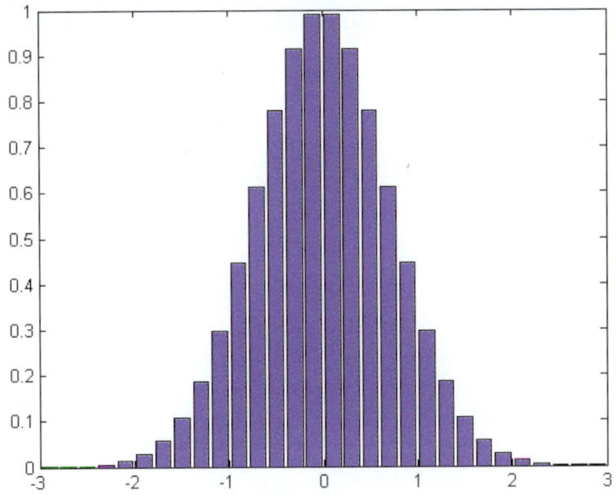

예제 8.4.2-6

파이(pie) 그래프 그리기

```
>> x = [1 3 0.5 2.5 2];
>> explode = [0 1 0 0 0];
>> pie(x,explode)
>> colormap jet
```

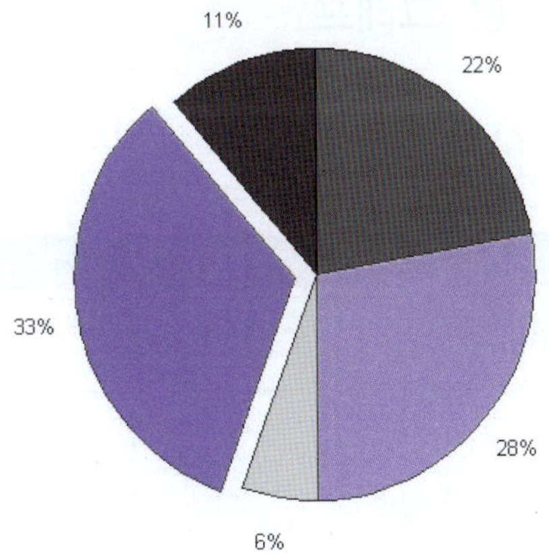

예제 8.4.2-7

오차 그래프 그리기

```
>> load count.dat;
>> y = mean(count,2);
>> e = std(count,1,2);
>> figure
>> errorbar(y, e, 'xr')
```

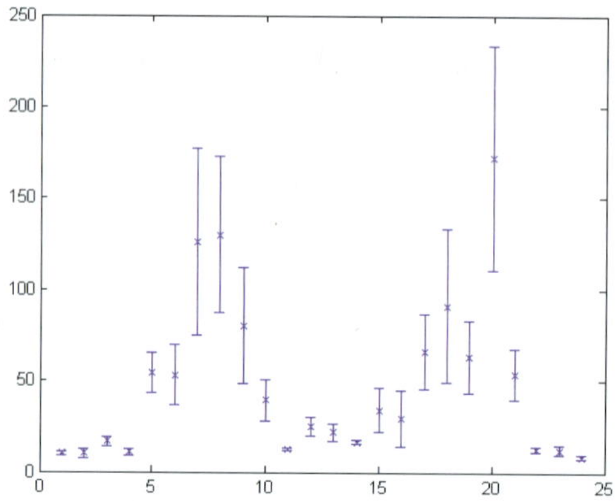

8.4.3 3차원 및 특수한 그래프

다양한 형태의 3차원 그래프를 예를 통해 작성해 보자.

예제 8.4.3-1

3차원(plot3) 그래프 그리기

```
>> t = 0:pi/50:10*pi;
>> plot3(sin(t),cos(t),t)
>> grid on
>> axis square
```

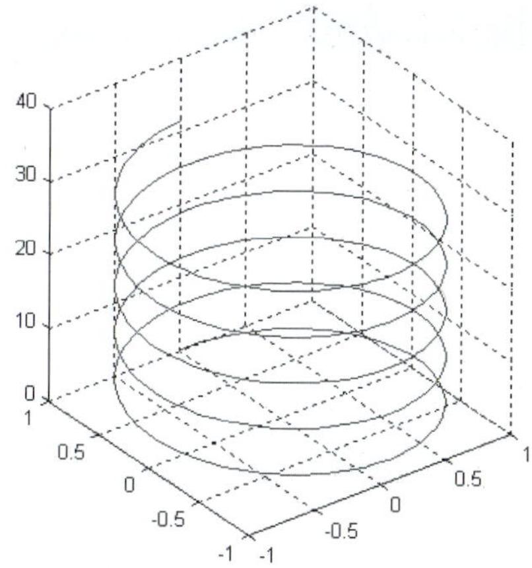

예제 8.4.3-2

3차원(mesh) 그래프 그리기

```
>> [X,Y] = meshgrid(-8:.5:8);
>> R = sqrt(X.^2+Y.^2)+eps;
>> Z=sin(R)./R;
>> mesh(X,Y,Z)
```

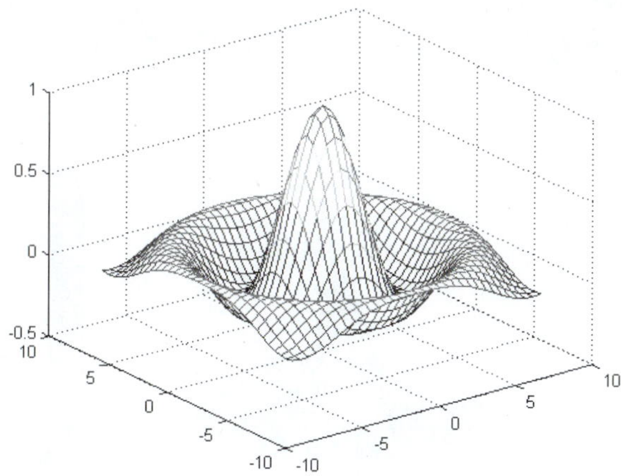

예제 8.4.3-3

3차원(surf & surfc) 그래프 그리기

```
>> hold on
>> surf(X,Y,Z)
>> colormap hsv
>> colorbar
```

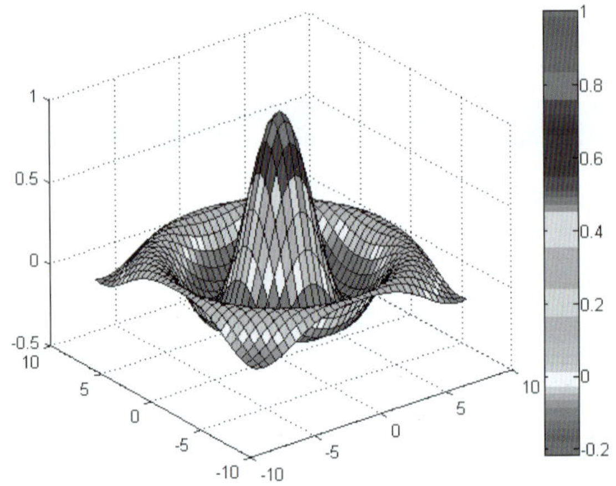


```
>> hold on
>> surfc(X,Y,Z)
```

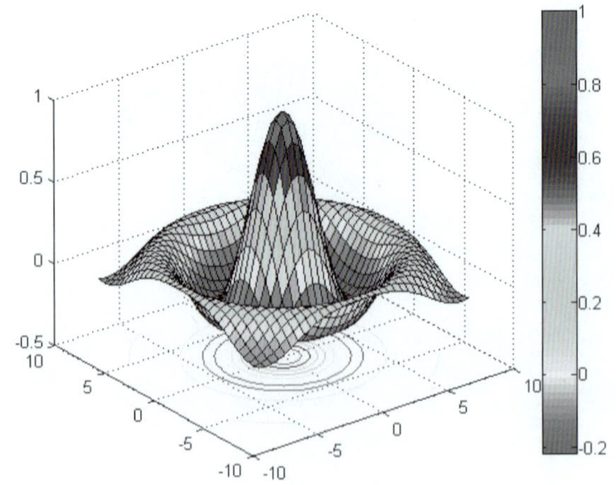

예제 8.4.3-4

2차원 벡터(quiver) 그래프 그리기

```
>> [X,Y] = meshgrid(-2:.2:2);
>> Z = X.*exp(-X.^2 - Y.^2);
>> [DX,DY] = gradient(Z,.2,.2);
>> contour(X,Y,Z)
>> hold on
>> quiver(X,Y,DX,DY)
>> colormap hsv
>> hold off
```

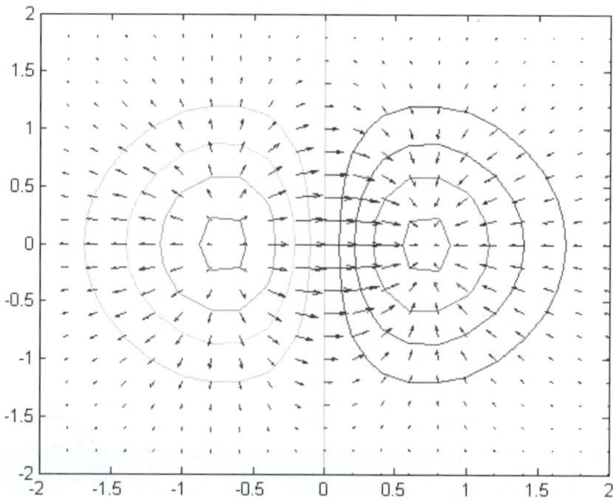

예제 8.4.3-5

3차원 벡터(quiver3) 그래프 그리기

```
>> [X,Y] = meshgrid(-8:.5:8);
>> R = sqrt(X.^2+Y.^2)+eps;
>> Z=sin(R)./R;
>> [U,V,W] = surfnorm(X,Y,Z);
```

```
>> quiver3(X,Y,Z,U,V,W,0.1);
>> hold on
>> surf(X,Y,Z);
>> colormap hsv
>> view(-35,45)
>> axis ([-10 10 -10 10 -.5 1])
>> hold off
```

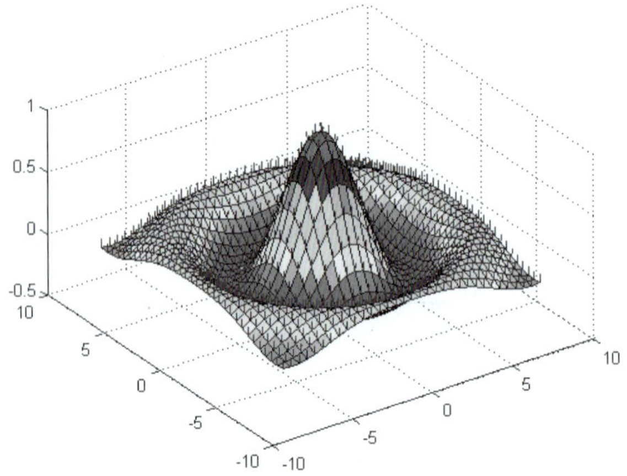

movie 명령어를 이용하여 움직이는 그래프를 작성해 보자. 단순하면서도 강력한 MATLAB 그래프 기능을 체험할 수 있다.

예제 8.4.3-6

movie 명령을 이용하여 움직이는 그래프 그리기

```
% movie

% Play recorded movie frames
[X,Y] = meshgrid(-8:.5:8);
R = sqrt(X.^2+Y.^2)+eps;
Z=sin(R)./R;
surf(Z);
```

```
axis tight
set(gca,'nextplot','replacechildren');

% Record the movie
for j = 1:20
 surf(sin(2*pi*j/20)*Z,Z)
 F(j) = getframe;
end

% Play the movie(F) ten times
movie(F,10)
```

여기서 movie(function, n, fps)의 n은 재생횟수이며 fps(frames per second)는 초당 재생 프레임을 나타내며, 그래프의 크기는 560×420으로 고정되어 있다.

연습문제

문제 8.4.1 주어진 구간에 대해 다음 함수의 그래프를 작성하시오.

$$y = 3.0\cos x - 0.5\sin x, \quad 0 \le x \le 4\pi$$

문제 8.4.2 8.4.1 문제의 함수와 함수의 1차 도함수를 다중 그래프 창을 이용하여 작성하시오.

$$y' = -3.0\sin x - 0.5\cos x, \quad 0 \le x \le 4\pi$$

문제 8.4.3 주어진 함수를 x축(가로)은 선형 배율을, y축(세로)은 밑이 10인 로그 배율을 적용하여 그래프를 작성하시오.

$$y = xe^{x}, \ 10^{-1} \le x \le 10^{2}$$

문제 8.4.4 8.4.3 문제의 함수를 x축은 로그 배율을, y축은 선형 배율을 적용하여 그래프를 작성하시오.

문제 8.4.5 8.4.3 문제의 함수를 x, y축 모두 선형 배율을 적용하여 그래프를 작성하시오.

문제 8.4.6 주어진 함수를 수직 막대그래프로 작성하시오.

$$y = e^{-x^2}, \quad -5 \le x \le 5$$

문제 8.4.7 8.4.6 문제의 함수를 수평 막대그래프로 작성하시오.

문제 8.4.8 주어진 벡터 y의 합을 100으로 정규화하여 백분율을 파이 차트로 작성하시오.

$$y = [15.5 \quad 35 \quad 52 \quad 64.7 \quad 83]$$

문제 8.4.9 8.4.8 문제를 3차원 파이 차트로 작성하고 백분율 표시 위치에 A, B, C, D, E 문자열을 표시하시오.

문제 8.4.10 주어진 함숫값을 stem 그래프로 작성하시오.

$$y = \sin(x), \quad x = [-\pi : 0.1\pi : \pi]$$

문제 8.4.11 주어진 함숫값을 3차원 그래프로 작성하시오.

$$x = [-\pi : 0.1\pi : \pi]$$
$$y = \sin(x)$$
$$z = x + xy$$

문제 8.4.12 다음 식은 입력 주파수와 고유주파수의 차이가 작을 때 발생하는 맥놀이(beat) 현상을 나타내는 식이다. 상수 $F=1.0$, $m=1.0$, $\omega_0=1.0$, $\omega=0.9$일 때 $t=[0:40\pi]$까지 $y(t)$를 예시와 같이 그리시오.

$$y(t)=\frac{2F}{m\left(\omega_0^2-\omega^2\right)}\sin\left(\frac{\omega_0+\omega}{2}t\right)\sin\left(\frac{\omega_0-\omega}{2}t\right)$$

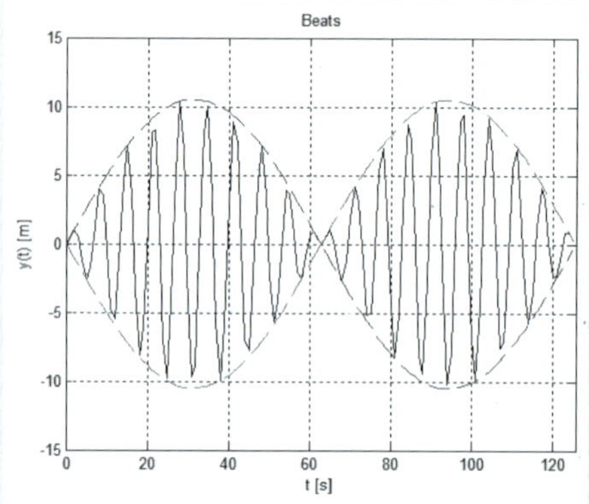

문제 8.4.13 다음 주어진 함수를 해당 조건에 대해 예시와 같이 그리시오.

$$\begin{cases} y_1=e^{-5x_1}\sin(200x_1) & x_1=\left[0:10^{-3}:10^{0}\right] \\ y_2=\cos(2\pi 10x_2) & x_2=\left[0:10^{-3}:10^{-1}\right] \end{cases}$$

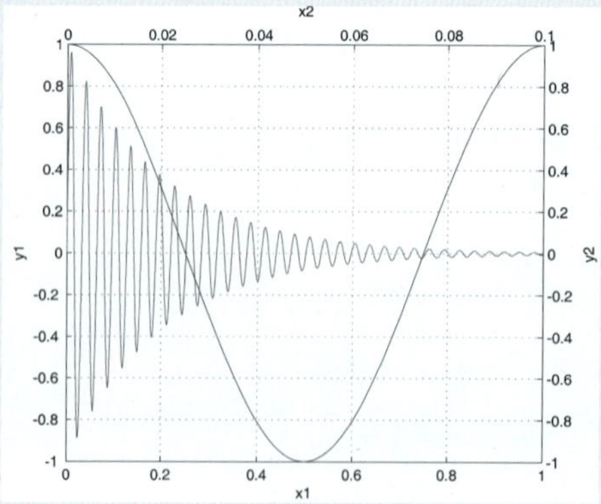

문제 8.4.14 다음 주어진 함수를 해당 조건에 대해 직각좌표 및 극좌표 형식으로 함께 그리시오.

$$y = \sin(2t) \times \cos(2t) \qquad t = [0 : 0.01\pi : 2\pi]$$

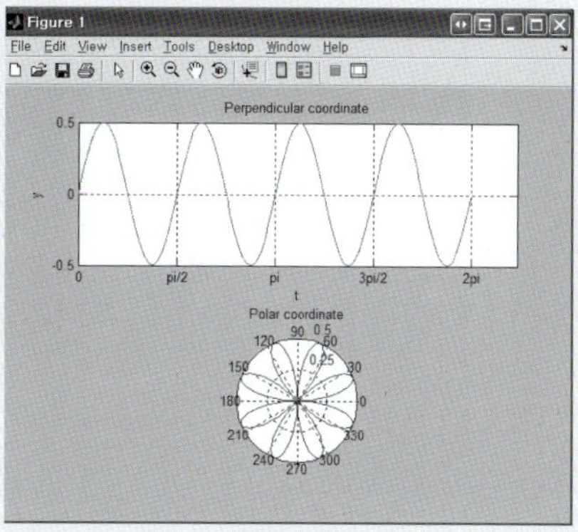

문제 8.4.15 다음 주어진 데이터를 예시와 같이 그리시오.

```
Days=0:5:35;
Temp=[29 23 27 25 20 23 23 27];
PPM=[515 420 370 250 135 120 60 20];
```

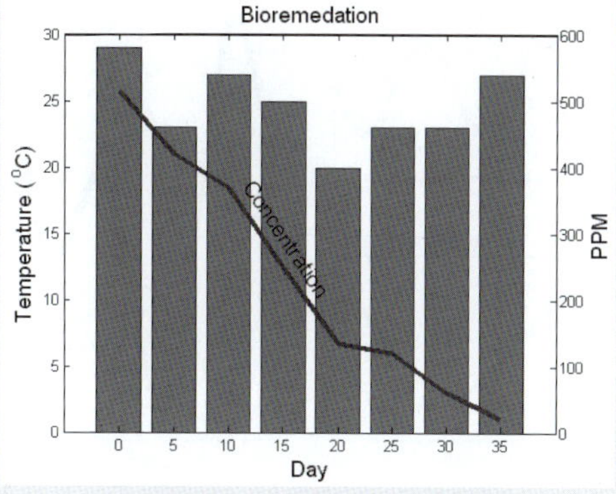

문제 8.4.16 세 점 (1,2), (2,3), (3,5)를 지나는 2차 방정식의 계수 a, b, c를 행렬 연산으로 구하여 명령 창에 출력하고, 제시된 그래프를 그리시오.

$$y = ax^2 + bx + c$$

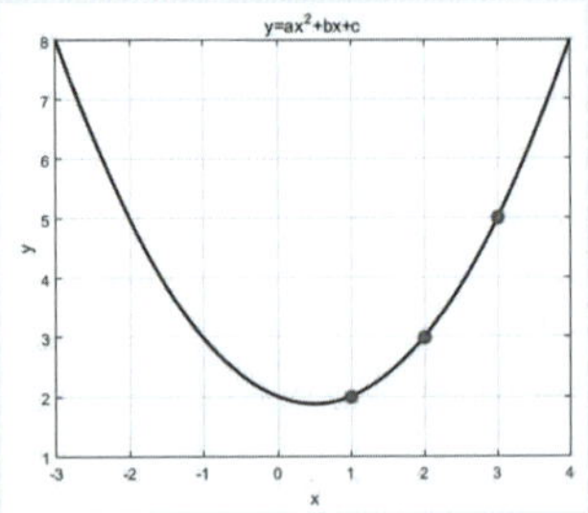

문제 8.4.17 주어진 함수의 그래프를 예시와 같이 그리시오.

$$\begin{aligned} t &= [0:0.01:1] \\ y_1 &= \sin(4\pi t) \\ y_2 &= \cos(2\pi t) \\ y_3 &= \sin(4\pi t) + \cos(2\pi t) \end{aligned}$$

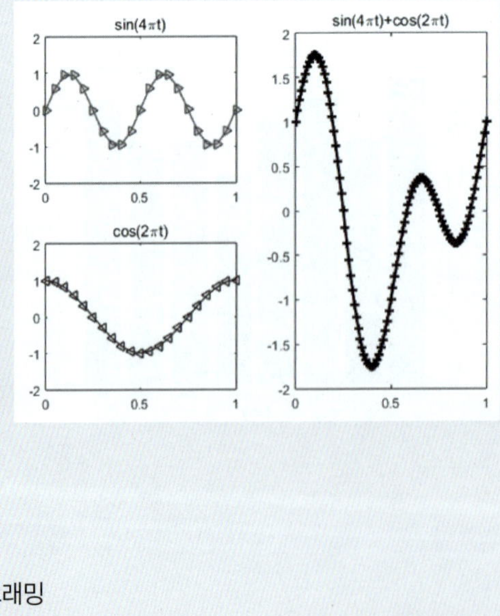

문제 8.4.18 주어진 연도별 수출입 기록에 대한 그래프를 예시와 같이 그리시오.

Year	2019	2020	2021	2022	2023
Import	40	45	90	75	66
Export	67	48	51	45	43

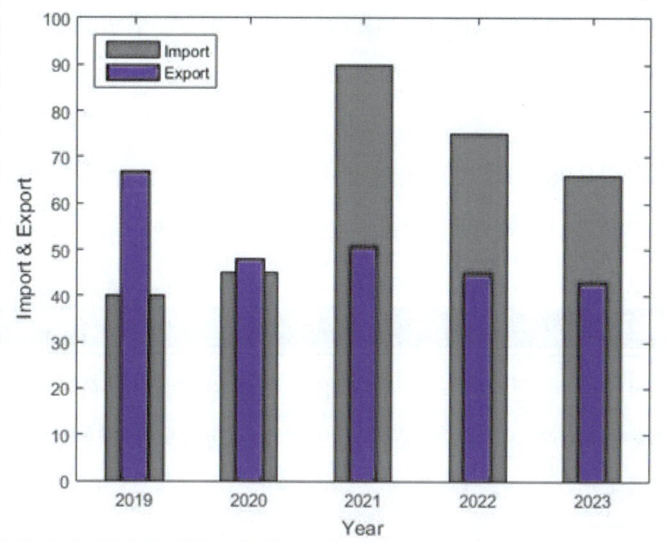

8.5 MATLAB 프로그래밍(1): 데이터 입출력

8.5.1 스크립트 파일(script m-file)과 함수 파일(function m-file)

일반적으로 m-file은 MATLAB의 실행파일을 말한다. 더 엄밀하게 구분하자면 m-file은 연속적인 MATLAB 명령어로 이루어진 스크립트 m-file과 매개변수들의 입력과 출력 기능이 있는 함수 m-file로 구분할 수 있다. 앞서 설명한 바와 같이 MATLAB은 전용 editor를 제공하고 있으며, 이를 이용하여 m-file 프로그래밍을 시작해 보자. 먼저 하나의 파일에 일련의 명령어로 작성되는 스크립트 m-file을 작성해 보자.

예제 8.5.1-1

자유 낙하하는 물체의 엄밀한 낙하속도(제1장 참조)는 아래와 같이 구해진다. 정해진 질량(m), 항력계수(C_D)에 대해 주어진 시간에서의 낙하속도를 계산하여 그래프로 그리시오.

$$V(t)=\sqrt{\frac{mg}{C_D^*}}\tanh\left(\sqrt{\frac{C_D^* g}{m}}\;t\right)$$

```
>> edit c85ex101.m
```

```
% Ex 8.5.1-1
% Script m-file

clear; clc;

g=9.81; m=68.1; cd=0.25;
```

```
t=[0:0.2:20];

%free fall velocity
v=sqrt(g*m/cd)*tanh(sqrt(g*cd/m)*t);

plot(t,v)

title('Free Fall Problem')
xlabel('Time [s]')
ylabel('Velocity [m/s]')
grid on
```

MATLAB은 C언어처럼 "%" 이후의 문자 또는 문장은 주석(설명)문으로 인식한다. 따라서 프로그램 시작 전 해당 프로그램에 대한 사용자 설명문과 주요 변수에 대해 설명해 놓으면 나중에 프로그램을 사용하거나 다른 사용자에게 편리할 수 있으므로 평소 자세히 기록해 두는 습관을 들이도록 하자. 위에서 작성된 c85ex101.m 파일은 일련의 명령어로 작성된(함수 파일이 아닌) 스크립트 파일이라고 할 수 있다. 아래와 같이 실행시키면 연산을 수행하고 그 결과를 그래프로 보여준다.

```
>> c85ex101
```

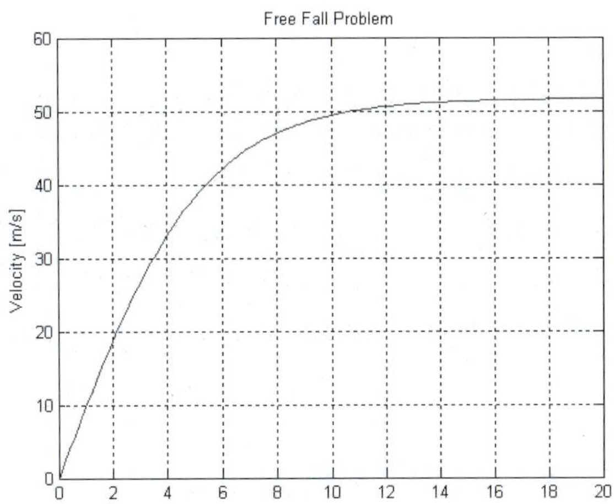

함수 파일이라 함은 같은 계산을 여러 곳에서 수행해야 하는 경우, 또는 대표적인 계산을 독립적으로 수행하는 경우 사용자는 별도의 m-file로 저장하고 필요한 경우마다 m-file을 불러서 사용할 수 있는 기능을 가진다. 함수 파일은 다음과 같이 시작하여 정의한다.

```
function [출력변수, 출력변수] = 함수이름(입력변수, 입력변수)
```

함수 파일의 구문은 반드시 function으로 시작하며, 출력변수와 입력변수들은 각각 comma(,)로 구분한다. 여기서 출력변수는 [ ]으로 입력변수는 ( )를 사용하여 구분하며, 출력변수가 하나일 때 [ ]를 사용하지 않아도 된다.

```
function 출력변수 = 함수이름(입력변수, 입력변수)
```

아래의 예제에서 계산을 수행한 자유낙하 속도를 함수 파일로 작성해 보자.

예제 8.5.1-2

몸무게, 항력계수 및 낙하시간을 입력 받아 자유낙하 속도를 계산하는 함수 파일을 작성하시오.

```
>> edit freefallvel.m
```

```
function velocity = freefallvel(m, cd, t)
%freefallvel (m, cd,t) computes the free fall velocity [m/s] of an
object with second order drag.
%Input Descriptions
%    m = mass[kg]
%   cd = drag coefficient [kg/m]
%     t = time [s]
%Output Description
%     velocity = free fall velocity [m/s]
```

```
g=9.81;

velocity = sqrt(g*m/cd)*tanh(sqrt(g*cd/m)*t);
```

작성된 함수 파일은 지정된 변수를 입력받아 실행된다. 즉, 스크립트 m-file과 다르게 지정 입력변수를 명시해야만 실행된다. 아래와 같이 지정된 변숫값을 입력하고 함수 파일을 호출하면 계산된 값은 ans로 출력된다.

```
>> freefallvel(68, 0.25, 12)
ans =
50.5839
```

함수 파일로부터 반환된 계산 결과는 사용자가 할당하는 변수로 저장할 수도 있으며, 그 이름은 함수 자체의 출력인수의 이름과 반드시 같을 필요는 없다.

```
>> Freefall_Velocity = freefallvel(68, 0.25, 12)
Freefall_Velocity =
50.5839
```

다음으로 입력변수를 받아 여러 개의 변수로 출력하는 예를 살펴보자.

예제 8.5.1-3

데이터를 입력받아 평균값과 표준편차를 출력하는 함수 파일을 작성하시오.

여기서 표본 데이터의 산술평균($\overline{y}$)은 각각의 데이터 값(y_i)의 합을 데이터 개수(n)로 나눈 것으로 정의한다.

$$\overline{y} = \frac{\sum y_i}{n}$$

표본 데이터 분포는 평균값을 기준으로 표준편차(standard deviation, S_y)를 아래와 같이 정의할 수 있다.

$$S_y = \sqrt{\frac{S_t}{n-1}}$$

여기서 S_t는 평균값에서 데이터 값을 뺀 나머지(잔차, residual)의 제곱의 합으로 정의한다. 표준편차의 제곱은 분산(Variance)을 의미한다.

$$S_t = \sum (y_i - \bar{y})^2$$

```
>> edit stats.m
```

```
function [mean, stdev]=stats(x)
n=length(x);
mean=sum(x)/n;
stdev=sqrt(sum((x-mean).^2/(n-1)));
```

```
>> y=[1:10];
>> stats(y)
ans =
    5.5000

>> [mean, deviation]=stats(y)
mean =
    5.5000
deviation =
    3.0277
```

다음으로, 앞서 작성한 자유낙하 속도를 계산하는 함수 파일을 스크립트 파일에서 불러들여 계산해 보자.

예제 8.5.1-4

freefallvel.m 함수 파일을 불러들여 계산하는 스크립트 m-file을 작성하시오.

```
% Ex 8.5.1-04
% Script m-file including function file

clear; clc;
g=9.81; m=68.1; cd=0.25;
t=[0:0.2:20];

%call user defined function
v=freefallvel(m,cd,t);

plot(t,v)
title('Free Fall Problem')
xlabel('Time [s]')
ylabel('Velocity [m/s]')
grid on
```

이상으로 스크립트 m-file과 함수 m-file 작성에 대해 알아보았다. MATLAB에 포함된 내장함수(기본함수, 특수함수 및 행렬함수)들이 어떻게 작성되어 사용되는지를 이해했을 것이다.

8.5.2 데이터 및 파일 입출력

명령 창에서 변수 값을 입력받거나, 원하는 데이터 파일을 읽고, 결과를 프린트하거나 파일로 저장하는 입출력 방법에 대해 알아보자. MATLAB은 이진(binary) 파일과 형식화된 ASCII 파일을 읽고, 쓸 수 있는 여러 형태의 함수들을 포함하고 있다. 이는 MATLAB 프로그래밍의 가장 기본적인 형식으로 연습을 통해 다양한 예제에 적용하여 실습하고 응용능력을 쌓아가기 바란다. 먼저 위에서 살펴본 자유 낙하하는 물체의 속도를 계산하는 문제에 대해 아래 예제를 통해 살펴보자.

예제 8.5.2-1

자유낙하 속도를 계산하는데 필요한 변수 값을 명령 창에서 입력받아 계산을 수행하고 그 결과를 출력하시오.

```
% Ex 8.5.2-1
% freefallproblem.m computes the free fall velocity % of an object
with second order drag.
%
% Input Description
%    m: Mass [kg]
%   cd: Drag coefficient(0.25) [kg/m]
%    tt: Terminal Time [s]
%    dt: time distance
%
% Output Description
%   vel: velocity [m/s]

clear; clc;

fid=fopen('free-fall-velocity.dat','w');

g=9.81;
m=68.1;
cd=0.25;
tt=12;
dt=0.2;

ti=0.0;
vi=0.0;

disp('Free Fall Problem: Exact and Numerical solutions for the free
fall problem')
```

```
m=input('Mass [kg]: ');
cd=input('Cd [kg/m]: ');
tt=input('Terminal Time [s]: ');
dt=input('Time Distance:   ');

disp(' ')

t=ti;
av=vi;
n=(tt-ti)/dt;
for i=1:n
      V(i)=sqrt(g*m/cd)*tanh(sqrt(g*cd/m)*t);
      T(i)=t;
      fprintf(fid,'%3.3f           %3.4f\n',T(i),V(i));
      t=t+dt;
end

plot(T,V,'-r')
title('Free Fall Velocity')
xlabel('Time [s]')
ylabel('Velocity [m/s]')
legend('Exact Solution')
grid on

fclose(fid);
```

먼저 파일을 여는 함수 fopen.m에 대해 살펴보자.

```
fid=fopen('file name', 'mode')
```

여기서 모드(mode)란 데이터 파일의 입출력 시 특수한 기능을 설정할 수 있는 기능으로 아래 표와 같이 구분하여 사용한다.

모드(mode)	기 능
‘r’	읽기용 파일임을 지정하고 파일을 연다(default)
‘w’	쓰기용 파일을 새롭게 생성하고 결과를 기록한다
‘a’	기존 데이터 파일 끝에 덧붙여 쓴다
‘r+’	읽을 파일을 열고 읽기/쓰기를 한다
‘w+’	새 파일 생성, 읽기/쓰기를 한다(기존 데이터는 삭제)
‘a+’	읽을 파일을 열고 쓰며 기존 파일에 덧붙여 쓴다

위 예제에서는 아래와 같이 정의하여 사용했다. 즉, 쓰기용 파일은 프로그램 실행 시마다 새롭게 생성하여 결과를 기록하라는 ‘w’ 모드를 사용했다.

```
fid = fopen('free − fall − velocity.dat', 'w');
```

fclose(fid)는 fid라는 변수명으로 열었던 파일 함수를 닫아준다. 즉, 파일 입출력 명령을 종료함을 의미한다. 다수의 생성 파일이 있다면, fclose(‘all’) 명령어를 사용하여 한꺼번에 닫을 수도 있다.

```
fclose(fid)
```

disp(‘string’) 명령어의 기능은 명령 창에 string으로 표현된 해당 문장을 보여준다.
disp('Free Fall Problem: Exact and Numerical solutions for the free fall problem')

명령 창에서 데이터 값을 읽어 들이는 기능을 살펴보자.

```
variable name = input(‘string’ , ’s’)
```

input( ) 함수는 명령 창에서 입력된 데이터 값을 읽어 지정 변수로 대치시키며, 텍스트를 읽고자 한다면 ‘s’를 추가한다.

위에서 지정한 출력 파일에 데이터를 기록하는 명령어로 fprintf 함수를 사용하며, 여기서 사용하는 포맷코드(format code)와 제어코드(control code)는 아래와 같다.

```
fprintf(fid,'%3.3f        %3.4f        %3.4f\n',T(i),eV(i),aV(i));
```

포멧코드	설명
'%c'	단일 문장 기호
'%d'	Decimal notation
'%e'	지수함수로 표시(e) 3.1e+01
'%E'	지수함수로 표시(E) 3.1E+01
'%f'	지정된 소수로 표시 %3.3f: 소수 3자리까지 표시
'%g'	Insignificant zeros do not print

제어코드	설명
'\b'	Backspace
'\f'	Form feed
'\n'	New line
'\t'	Horizontal tab

다음은 파일로부터 데이터를 읽어드리는 함수 fscanf( )에 대해 알아보자.

```
A =  fscanf(fid, format)
```

지정된 함수 파일(fid)에서 주어진 format으로 데이터를 읽어 들여 벡터 형태로 변환한다.

```
[A, count] = fscanf(fid, format, size)
```

지정된 함수 파일(fid)에서 주어진 format으로 size에 지정된 크기로 데이터를 읽어 들여 벡터 형태 A로 변환한다. 여기서 count는 데이터의 수를 의미한다. size는 n, inf, [m n]과 같이 3가지 형태로 지정할 수 있다.

size 선택	기 능
n	n개의 데이터를 열벡터 형태로 읽는다
inf	파일의 끝까지 읽는다
[m n]	mxn 크기를 갖는 행렬의 형태로 읽는다

예제 8.5.2-2

$x=[0:\ .1:\ 2\pi]$, $y=\sin(x)$ 데이터를 생성하여 “sin.txt”라는 파일로 저장하고, 다시 “sin.txt” 파일에서 데이터를 읽어 행렬로 저장하시오.

```
% Ex 8.5.2-2
% Data File Input & Output

clear; clc;

% Create a file with an sine(x) table

x = 0:.1:2*pi;
y = [x; sin(x)];


fid = fopen('sin.txt', 'w');
fprintf(fid, '%6.2f  %12.5f\n', y);
fclose(fid);

% Read the data, filling A in column order
% First line of the file:
%    0.00     1.00000000

fid = fopen('sin.txt');
A = fscanf(fid, '%g  %g', [2 inf]);
```

```
fclose(fid);

% Transpose so that A matches
% the orientation of the file

B = A';
```

연습문제

문제 8.5.1 0°~100°F에서 10°F씩 증가하는 화씨 온도를 섭씨 온도로 바꿔 계산하고 그래프로 출력하는 스크립트 파일(script file)을 작성하시오.

$$T^{\circ}C = \frac{5}{9}\left(T^{\circ}F - 32\right)$$

문제 8.5.2 다음 수식을 계산하는 함수 파일(function file)을 작성하시오.

$$f(x, y) = 1 - xe^{-x} + 1/y$$

문제 8.5.3 위 수식의 함수 파일을 이용하여 아래 구간의 값을 계산할 수 있는 스크립트 파일(script file)을 작성하시오.

$$0 \le x \le 2\pi, \quad 0.1 \le y \le 2.0$$

문제 8.5.4 다음은 팩토리얼(factorial) 값을 계산하는 근사식이다. n값을 인수로 전달하여 계산하는 함수 파일을 작성하여 계산하고, MATLAB의 factorial 함수를 이용하여 계산한 값과 비교하여 명령 창에 출력하시오.

$$n! \approx \sqrt{2\pi n}\left(\frac{n}{e}\right)^{n} 1$$

문제 8.5.5 주어진 가로로 배열된 주어진 데이터를 텍스트로 저장(inputdata.txt)하고, 이를 읽어 x.*y를 계산하고 세로로 배열하여 텍스트(outputdata.txt)로 저장하시오.

x	1	2	3	4	5	6	7	8	9
y	5	6	10	20	28	33	34	36	42

8.6 MATLAB 프로그래밍(2): 선택문(Selection Statements)

앞 절에서 스크립트 파일과 함수 파일의 차이를 알아보고 이를 이용한 프로그래밍 방법에 대해 살펴보았다. 이 절에서는 프로그램 내부에서 어떤 구문을 선택하여 실행할 것인가를 결정하는 if, else, elseif, switch와 같은 선택문(selection statements)에 대해 알아보자.

8.6.1 관계연산자와 논리연산자

선택문에는 변수들에 대해 논리적으로 참과 거짓을 표현하는 관계연산자와 논리연산자를 이용한다. 앞서 설명한 바와 같이 MATLAB은 6개의 관계연산자(relational operators)와 3개의 논리연산자(logical operator)를 사용한다.

관계연산자(relational operators)는 배열의 구성원소들의 "크다", "작다" "같지", "같지 않다" 등 크기를 비교하는데 사용되며 각 연산기능과 사용 기호는 아래 표와 같다. 연산 결과가 참이면 1, 거짓이면 0의 값을 반환한다.

연산기능	연산 기호	MATLAB 기호
같다	$=$	==
다르다	$\neq$	~=
이하	$\leq$	<=
이상	$\geq$	>=
초과	$>$	>
미만	$<$	<

```
>> a=8, b=4

>> a==b
```

```
ans =
      0
>> a~=b
ans =
      1
>> a<=b
ans =
      0
>> a>=b
ans =
      1
>> a>b
ans =
      1
>> a<b
ans =
      0
```

논리연산자(logical operators)는 "and", "or", "true", "false" 등과 같은 논리연산에 사용되는 연산자로 3 종류가 있다. & 연산자는 참이면 참값(1)을 반환하며, 여기서 참이란 0이 아닌 수(number)를 의미한다. | 연산자는 적어도 한 값이 참이면 참값(1)을 반환하며, ~ 연산자는 피 연산자의 부정을 의미한다.

연산기능	연산 기호	MATLAB 기호
그리고	AND	&
또는	OR	|
부정	NOT	~

```
>> a&b
ans =
      1
>> a|b
ans =
      1
>> ~a
ans =
      0
```

8.6.2 if문

if문은 지정된 조건을 비교하여 실행할 것인지 아닌지를 선택하며, end문과 짝을 이루어 다음과 같이 사용된다.

```
if 조건문
명령
end
```

예를 들어, 어떤 변수의 값이 음수인지를 판단하여 만약 음수라면 절대 값으로 바꿔 양수로 변환시켜 보자.

```
number = -5;

if number < 0
    number = abs(number)
end
```

선택문은 아래와 같이 한 줄로 표현할 수도 있다.

```
number = -5;
if number < 0,  number = abs(number), end
```

그러나 MATLAB editor에서 제공되는 기본형식을 유지하는 것이 긴 프로그램을 읽거나 디버깅할 때 편리하다. 또한, 변수의 의미를 쉽게 이해할 수 있도록 변수명을 적절하게 사용하고 필요한 경우 주석을 달아 나중에 다시 보거나 다른 사람이 보더라도 쉽게 이해할 수 있도록 해야 한다.

8.6.3 if-else문

if-else문은 결정해야 할 경우가 하나 이상일 때 사용하는 선택문으로 다음과 같이 사용된다.

```
if 조건문
명령1

else
명령2

end
```

예를 들어, 변수의 부호를 비교하여 그 결과를 출력해 보자.

```
x = -5;


if  x>= 0
   disp('x is positive !')
else
disp('x is negative !')
end
```

if문에서 "x가 0보다 크거나 같다면"에 해당하는 관계연산의 결과는 거짓, 즉 0의 값이 생성되고, 따라서 else 이후의 명령문이 실행된다.

```
x is negative!
>>
```

아래 구문과 비교하여 if문의 관계연산 결과와 그에 따른 명령문의 실행 결과를 이해할 수 있어야 한다.

```
x = -5;

if  x< 0
    disp('x is negative !')
else
disp('x is positve !')
end
```

if문에 사용되는 논리문이 배열일 수도 있다. 즉, 논리문의 모든 요소가 참인지 거짓인지에 따라 if문의 실행 여부를 이해할 수 있어야 한다.

```
x = [4 -9];

if  x> 0
    y = abs(x)
else
disp('Some of input elements are negative!')
y = x
end
```

위 경우를 실행하면 if문에서 "x가 0보다 크다면"에 해당하는 관계연산의 결과는 [참 거짓], 즉 [1 0] 벡터가 생성되고, 모두가 참이 아니므로(거짓이 포함되어 있으므로) else 이후의 명령문이 실행된다.

```
Some of input elements are negative!
y =
     4    -9
```

아래 if-else문의 결과를 예측해 보면서 관계연산 결과와 명령문의 실행 여부를 명확하게 이해하기 바란다.

```
x = [4 -9];

if  x< 0
 disp('Some of input elements are negative!')
y = x
else
 y =abs( x)
end
```

8.6.4 if-elseif문

다중 선택문은 if-elseif를 사용하며 다음과 같이 표현한다.

```
if 조건1
명령1
elsif 조건2
명령2
elsif 조건3
명령3
…
else
명령4
end
```

여러 개의 선택문을 사용하는 경우 프로그램 흐름도 사용하여 연산과정을 도식적으로 표현하면서 이해하는 것이 효율적이다.

예제 8.6.4-1

if-elseif문을 사용하여 입력된 인수가 스칼라(scalar), 벡터(vector) 또는 행렬(matrix)인지 결정하는 함수 파일을 작성하시오.

```
% Ex 8.6.4-1
% If-elseif statement
% Return argument type using size()

function argtype = c86ex401(x)

[m n]=size(x);
if m==1 & n==1
  argtype = 'Input Argument is a Scalar';

elseif m==1 | n==1
  argtype = 'Input Argument is a Vector';

else
 argtype = 'Input Argument is a Matrix';
end
```

먼저 size( ) 함수는 인수의 차원을 구분한다. 만일 입력 인수 x=5와 같이 상수라면 1×1 배열로, x=[1 2 3]과 같은 벡터라면 1×3배열로, x=[1 2 3;4 5 6]과 같이 행렬이라면 2×3이라는 행렬의 크기를 알려준다.

```
>> x=5
x =
     5
>> size(x)
ans =
     1     1
>> x=[1 2 3]
x =
     1     2     3
>> size(x)
ans =
     1     3
```

```
>> x=[1 2 3;4 5 6]
x =
     1     2     3
     4     5     6
>> size(x)
ans =
     2     3
```

첫 번째 if문에서 입력 인수의 행의 크기가 1이고 그리고(&) 열의 크기도 1로 인식되는, 즉 m=1 & n=1이면 입력 인수는 스칼라임을 알려주고, elseif문에서 입력 인수의 행 또는 (|) 열의 크기가 1이면 벡터임을 알려준다. 스칼라와 벡터가 아닌 나머지 것은 else 문 이후에서 처리되어 행렬임을 알려준다.

```
>> c86ex401(3)
ans =
Input Argument is a Scalar
>> c86ex401(1:3)
ans =
Input Argument is a Vector
>> c86ex401(magic(3))
ans =
Input Argument is a Matrix
```

8.6.5 switch문

Switch문은 다중 if-else 또는 elseif문 대신 사용하며 다음과 같은 형식으로 표현한다.

```
switch 변수
case 변수 값1
명령1
```

```
switch 변수
case 변수 값2
명령2

…
end
```

switch문도 end로 끝나며, 지정된 변수의 값이 case로 구분된 변수 값과 같으면 해당 case문의 명령을 실행한다.

예제 8.6.5-1

두 개의 인수(x, y)를 입력받아 덧셈, 뺄셈, 곱셈과 나눗셈을 실행하는 함수 파일을 작성하시오.

```
% Ex 8.6.5-1
% Switch statement
% Return results according to designated cases

function cal = c86ex501(x,y,n)

switch n
    case 1
        Case1_Addition = x+y

    case 2
        Case2_Subtraction = x-y

    case 3
        Case3_Multiplication = x*y

    case 4
        Case4_Division = x/y
```

```
    otherwise
        disp('Please designate the case correctly!');
end
```

x, y 값을 입력받아 지정된 case 값 n(일반적으로 임의의 정수를 사용한다)에 해당하는 연산을 수행한다. 만일 지정된 case 값이 없을 때 otherwise를 사용하여 오류 또는 수정 메시지를 출력하도록 할 수도 있다.

MATLAB의 menu( )라는 아래와 같은 내장함수는 switch문과 같은 역할을 한다. 예제를 통해 그 기능을 살펴보자.

```
choice = menu('menu_title','option1','option2',...,'option_n')
```

예제 8.6.5-2

아래와 같이 지정된 구간의 sin 값을 menu( ) 함수로 입력받은 색으로 그래프를 그리는 함수 파일을 작성하시오.

```
% Ex 8.6.5-2
% Switch statement using menu( )

function mymenu= c86ex502()

choice = menu('Choose a plot color','Red','Blue','Green')
hold on

t = 0:.1:2*pi;
s = sin(t);
color = ['r','b','g'];

plot(t,s,color(choice))
grid on
```

함수 파일을 실행하면 menu( ) 함수가 실행되고 아래 그림과 같은 메뉴가 생성된다. Switch 구문의 기능과 같이 설정된 버튼을 클릭하면 해당 색상으로 sin 값의 그래프를 그린다.

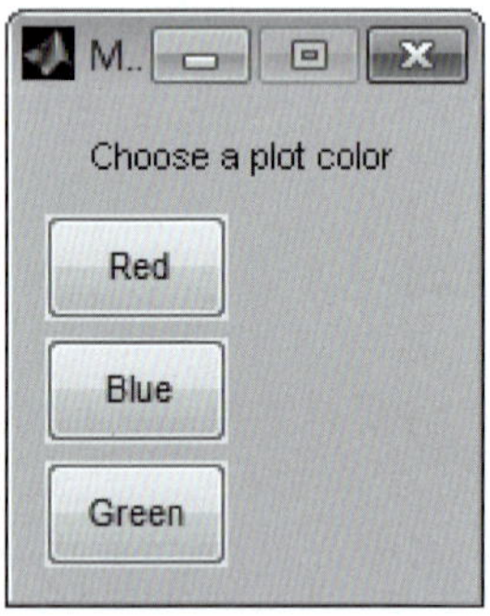

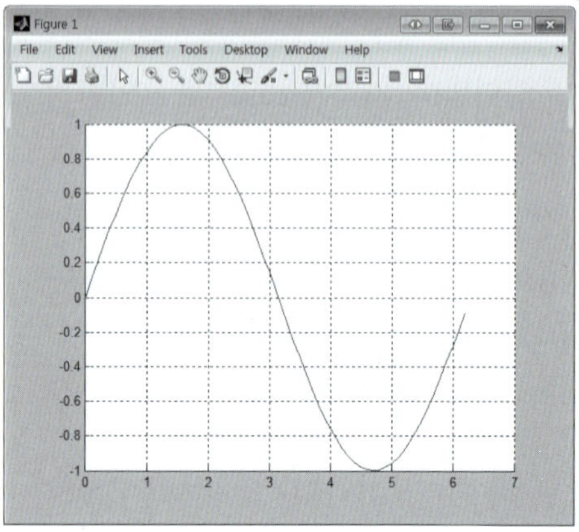

다음 함수들은 선택문에 유용하게 사용할 수 있는 MATLAB 내장함수이다.

함수	기능
xor	Logical exclusive-OR
true/false	Convert numeric values to logical( )
isempty o	Determine whether array is empty
isletter	Array elements that are alphabetic letters
iskeyword	Determine whether input is MATLAB keyword

```
>> A=[0 1 2 3];
>> B=[-2 2 0 3];
>> C=xor(A,B)
C =
     1     0     1     0

>> A=[1 2 3;4 5 6;7 8 9];
>> B=logical(eye(3))
B =
```

```
     1     0     0
     0     1     0
     0     0     1
>> A(B)
ans =
     1
     5
     9

>> s='M7ex6';
>> isletter(s)
ans =

     1     0     1     1     0
```

연습문제

문제 8.6.1 아래 관계 및 논리연산자를 결과를 예측해 보고, 실행문을 작성하여 확인하시오.

$$x = [1 -2\ 3\ 4],\quad y = [5\ 2\ -6\ 4]$$

$$\begin{cases} z = \sim x > y \\ z = x \& y \\ z = x | y \\ z = xor(x,\ y) \end{cases}$$

문제 8.6.2 나눗셈하는 프로그램을 작성하고자 한다. 사용자로부터 분자와 분모를 입력받고, 분모가 0이면 “Error” 메시지를 프린트하는 프로그램을 작성하시오.

문제 8.6.3 선택문 if-else를 사용하여 사용자가 프롬프트에 응답하여 ‘y’나 ‘Y’를 입력하면 “OK! continue”를 프린트하고, ‘n’이나 ’N’을 입력하면 “OK! discontiue”를 프린트한다. 그 외 다른 입력 시에는 “Error”를 프린트하는 스크립트 파일을 작성하시오.

문제 8.6.4 위 문제를 switch문을 사용하여 작성하시오.

문제 8.6.5 사용자로부터 섭씨 온도를 입력받고, 이를 화씨 온도(F)와 캘빈 온도(K) 중 변환을 희망하는 선택을 받아 계산하여 프린트하는 프로그램을 작성하시오.

$$C = \frac{5}{9}(F - 32)$$

$$K = C + 273.15$$

문제 8.6.6 위 문제를 menu( ) 함수를 이용하여 작성하시오.

문제 8.6.7 사용자로부터 x값을 입력받아 오일러의 공식이 성립함(좌변과 우변이 같음)을 관계연산자를 사용하여 증명하시오.

$$e^{ix} = \cos(x) + i\sin(x)$$

8.7 MATLAB 프로그래밍(3): 반복문(Loop Statements)

많은 경우의 프로그래밍에는 일정 증분과 차분량에 대한 반복적인 계산이 필요하다. 이를 수행하는 문장을 반복문(loop statement)이라 하며, 프로그래밍에는 기본적으로 순환 루프와 조건 루프가 있다. 이번 장에서는 이러한 루프문에 대해 알아보자.

8.7.1 for 루프

for 루프는 명확히 정해진 순환변수의 숫자만큼 반복적으로 명령을 수행하며, end문과 짝을 이루어 사용된다.

```
for 순환변수=변숫값
명령
end
```

예제 8.7.1-1

m부터 n(입력받은 값)까지의 정수를 입력받아 for 루프를 사용하여 덧셈을 수행하는 함수 파일을 작성하시오.

```
%Ex 8.7.1-1
% For loop

function nsum= c87ex101(m,n)

nsum=0;
```

```
for k=m:n
    nsum = nsum + k;
end
```

위 함수는 m과 n 값을 입력받아 for 루프가 수행되는 동안 차례대로 nsum이라는 변수에 더해진다. 여기서 m : n의 증분은 1씩 증가하며 별도의 증분 설정이 필요한 경우 m : x : n과 같이 x로 지정된 증분량에 대해 반복적으로 연산을 수행한다.

C나 C++와 같은 보통의 프로그래밍 언어에서는 순환변수로 i와 j를 많이 사용하나 MATLAB의 경우 i와 j는 허수로 지정하여 사용하고 있기 때문에 순환 변수명으로 사용하는 것을 피하는 것이 좋다. 합을 구하는 대신 1부터 n까지의 정수 곱, 즉 n!를 계산해 보자.

예제 8.7.1-2

1부터 n까지의 정수 곱을 계산하고 factorial( )함수와 비교하시오.

```
% Ex 8.7.1-2
% For loop

function nround= c87ex102(n)
m=1;
n=n
nround=1;
for k=1:n
    nround = nround * k;
end

nfactorial = factorial(n)
end
```

앞서 알아본 if문과 중첩된 for 루프를 생각해 보자. 중첩된 루프 내부에 지정된 선택문을 이용하는 명령문을 포함해야 하는 경우가 있다. 예를 들어, 기록된 데이터를 읽어 for

루프를 이용하여 지정된 연산을 하는 경우를 알아보자.

예제 8.7.1-3

데이터 파일을 읽어 각 행의 양의 정수만을 합산하는 파일을 작성하시오.

```
% Ex 8.7.1-3
% Nested for-loop
%
% inputdata.dat
%     1    -2    3
%    -4     5    6
%     7     0    9

clear; clc;

load inputdata.dat
inputdata
[r c]=size(inputdata);

for m=1:r
    rowsum=0;
    for n=1:c
        if inputdata(m,n) >= 0
            rowsum=rowsum + inputdata(m,n);
        end
    end
    fprintf('Sum of positive elements of the %d row = %d\n',
m,rowsum)
end
```

8.7.2 while 루프

for 루프와 구분하여 지정된 변수 값이 아닌 지정된 조건이 참이면 계속하여 반복 계산을 수행하는 경우 while 루프를 사용하며, 마찬가지로 end문과 짝을 이루어 사용된다.

```
while (조건)
명령
end
```

while 다음의 조건이 논리적으로 참(1)이면 계속해서 루프가 실행된다. 따라서 while 루프 사용 시 무한 루프를 피하기 위해서는 명확하게 제한된 조건이 선언돼야 함을 명심해야 한다.

예제 8.7.2-1

while문을 이용하여 1부터 n까지의 정수 곱을 계산하고 factorial( ) 함수와 비교하시오.

```
% Ex 8.7.2-1
% while loop
%

clear; clc;

n=input('Input number = ');
x=1; k=1;
while k<=n
      x=x*k
      k=k+1;
end
nfactorial = factorial(n)
```

while 루프는 if-break문과 함께 사용하여 계산할 수도 있다. 즉, if문의 조건이 참이면 while문은 계속하여 참(1)으로 인식되어 반복계산을 수행한다.

```
while (1)
명령
if (조건)
break
end
```

예제 8.7.2-2

if-break문과 while(1) 구문을 사용하여 위 예제를 계산하시오.

```
% Ex 8.7.2-2
% while loop
%

clear; clc;
n=input('Input number = ');
x=1; k=1;
while(1)
    x=x*k
    k=k+1;
    if k>n
        break
    end
end
nfactorial = factorial(n)
```

이상으로 for 루프와 while 루프를 사용한 반복문에 대해 알아보았다. 대부분 단순한 문제에 대한 반복문의 사용법이었으나, 실제 많은 문제는 여러 개의 반복문과 상당히 큰 순환변수를 사용할 필요가 있다. 하지만 이러한 반복문의 사용은 전체 계산 시간에 지대한 영향을 주기 때문에 대용량 프로그래밍에서는 가능하면 반복문 사용을 피하는 것이 바람직하며, 대신 colon operator(:)를 사용하는 것이 좋다. MATLAB은 m-file의 실행 속도를 측정하고 분석해 주는 "profile"이라는 내장함수를 가지고 있다. >> profile report를 실행시키면 실행 파일에 대한 계산 시간을 매우 상세하게 분석해 준다.

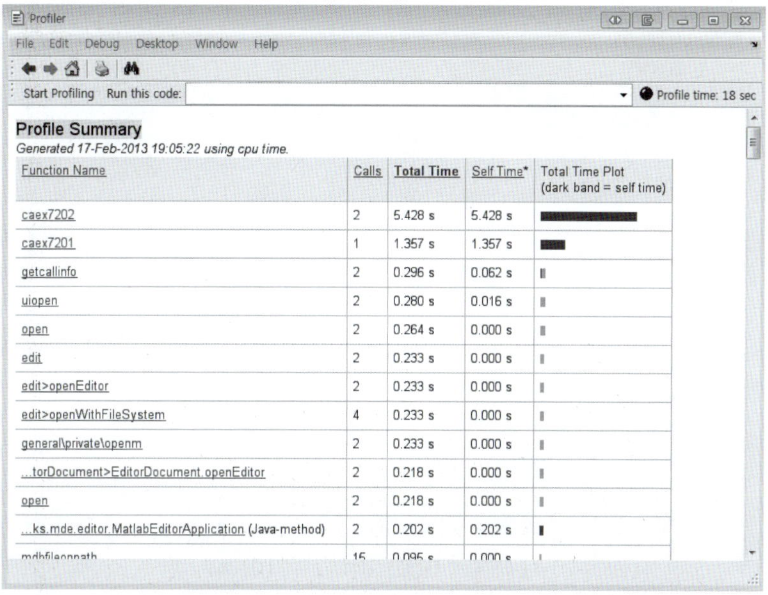

Function Name	Calls	Total Time	Self Time*	Total Time Plot (dark band = self time)
caex7202	2	5.428 s	5.428 s	
caex7201	1	1.357 s	1.357 s	
getcallinfo	2	0.296 s	0.062 s	
uiopen	2	0.280 s	0.016 s	
open	2	0.264 s	0.000 s	
edit	2	0.233 s	0.000 s	
edit>openEditor	2	0.233 s	0.000 s	
edit>openWithFileSystem	4	0.233 s	0.000 s	
general\private\openm	2	0.233 s	0.000 s	
...torDocument>EditorDocument.openEditor	2	0.218 s	0.000 s	
open	2	0.218 s	0.000 s	
...ks.mde.editor.MatlabEditorApplication (Java-method)	2	0.202 s	0.202 s	

연습문제

문제 8.7.1 t값을 입력받아 주어진 조건식에 따라 계산을 수행하시오.

$$y = \begin{cases} 1 & \text{if } t = 0 \\ \dfrac{\sin(\pi t)}{\pi t} & \text{if } t \neq 0 \end{cases}$$

문제 8.7.2 $x = 5$일 때 n값을 입력받아 if-else를 사용하여 아래 연산을 차례대로 수행하시오.

$$\begin{cases} y_1 = x^2 & (\text{if } x > 1) \\ y_2 = x + 10 & (\text{if } x == 10) \\ y_3 = e^x & (\text{if } x <= 20) \\ y_4 = \log(x) & (\text{else}) \\ y_{n+1} = \sum_{k=1}^{n} y_k & \end{cases}$$

문제 8.7.3 주어진 두 벡터 배열에 x, y에 대해 x의 원소가 y보다 작은 경우 0의 값으로 반환하는 계산을 수행하시오(계산 전에 그 결과를 직접 예측하고 비교해 보시오).

$$x = [10, 3, 6, 5, -4] \quad y = [9, 31, -7, -12, 6]$$

문제 8.7.4 반복문과 선택문을 사용하여 임의의 행렬의 대각행렬을 구하시오. (힌트: mxn 행렬의 대각원소, 즉 $m=n$인 경우 원소 값을 읽고, 그렇지 않으면 0으로 반환한다.)

문제 8.7.5 임의의 양의 정수 n을 받아들여 1부터 n 이하의 홀수 정수들의 곱을 계산하시오.

문제 8.7.6 다음 배열은 최근 10일 동안 기온을 나타낸다. for 루프를 사용하여 온도가 20도 이상인 날이 며칠인지 계산하시오.

$$T=[19,\ 21,\ 20,\ 18,\ 17,\ 19.5,\ 20.7,\ 21,\ 21,\ 20]$$

문제 8.7.7 명령창에서 임의의 양의 정수를 입력받고, while문을 사용하여 입력값 이하 짝수의 곱을 계산하시오.

8.8 MATLAB 프로그래밍(4): 사용자 정의 함수

앞에서 스크립트 파일과 함수 파일을 구분하여 함수 파일의 사용법을 살펴보았다. 이번 장에서는 사용자가 정의하여 사용하는 함수와 보조함수(sub-function)에 대해 자세히 알아보고, 함수와 함수 간에 정의, 호출 및 사용되는 지역변수(local variable), 전역변수(global variable) 그리고 지속변수(persistent variable)에 대해 살펴보자.

8.8.1 주함수(primary function)와 보조함수(sub-function)

MATLAB 함수 모드 파일의 첫 함수를 주함수(primary function)라 하고, 이 주함수 안에서 정의되고 사용되는 함수들을 보조함수(sub-function)라 한다. 기본적으로 보조함수는 해당 주함수 안에서 또는 같은 파일 안에 있는 보조함수에서만 참조할 수 있다.

임의 입력 값의 평균($\overline{x}$), 분산(s^2)과 표준편차(S)를 구하는 문제를 가지고 주함수와 보조함수의 기능을 이해해 보자.

$$\overline{x} = \frac{\sum_{k=1}^{n} x_k}{n}$$

$$s^2 = \frac{\sum_{k=1}^{n} \left(x_k - \overline{x}\right)^2}{n-1}$$

예제 8.8.1-1

임의의 배열을 읽고, 평균, 분산 및 표준편차를 각각의 보조함수로 만들어 계산하는 함수 파일을 작성하시오.

```
% Ex 8.8.1-1
% function & subfunctions
%

function [avg, var,stdv]= c88ex101(x)

n=length(x);
avg=a_mean(x,n);
var=b_variance(x,n);
stdv=c_stdeviation(x,n);


%subfunction(1) to calculate an average
     function a=a_mean(x,n)
          a=sum(x)/n;

%subfunction(2) to calculate a variance
     function b=b_variance(x,n)
          b=sum((x-(sum(x)/n)).^2)/(n-1);

%subfunction(3) to calculate a standard deviation
     function c=c_stdeviation(x,n)
          c=sqrt(sum((x-(sum(x)/n)).^2)/(n-1));
```

위 예제의 주함수 c88ex101( )은 평균, 분산 그리고 표준편차를 계산하는 세 개의 보조함수를 포함하고 있다. 각 보조함수를 실행하기 위해서는 같은 입력 상수(여기서는 n)를 반복적으로 사용하고 있으며, 또한 두 번째 보조함수에서는 첫 번째 보조함수에서 이미 계산한 평균값(여기서는 변수 a)을 그대로 사용하지 못하고 다시 계산을 수행하고 있다. 이러한 문제는 다음 절에서 살펴볼 주함수와 보조함수에서 사용되는 변수나 상수를 어떻게 정의하느냐에 따라 효과적으로 처리할 수 있다.

8.8.2 변수의 정의

MATLAB에서 사용하는 변수는 기본적으로 지역변수(local variable), 전역변수(global variable) 그리고 지속변수(persistent variable)로 구분하여 정의할 수 있다. 먼저 함수 파일은 자신만의 지역변수를 가지고 있다. 이는 변수의 유효범위를 지정해 주는 것으로, 정의한 변수 혹은 상수를 사용할 수 있는 범위를 의미하여, 해당 함수에서만 유효하게 사용된다. 이름에서도 알 수 있듯이 특정 함수 내부에서만 유효한 변수를 지역변수라고 하며 함수와 상관없이 사용 가능한 변수를 전역변수라 한다. 함수 간의 데이터를 교환해야 하는 경우 입출력 매개변수를 정의하여 사용하거나 해당 변수를 전역변수로 정의하여 사용하면 된다. 앞선 예제를 전역변수를 사용하여 다시 작성해 봄으로써 그 차이를 이해해 보자.

예제 8.8.2-1

임의의 배열을 읽고, 평균, 분산 및 표준편차를 각각의 보조함수로 만들어 계산하는 함수 파일을 작성하시오(전역변수를 사용하여).

```
% Ex 8.8.2-1
% Global variables
%

function [avg, var,stdv]= c88ex201(x)
global N

N=length(x);
avg=a_mean(x);
var=b_variance(x);
stdv=c_stdeviation(x);

 %subfunction(1) to calculate an average
  function a=a_mean(x)
      global N
      a=sum(x)/N;
```

```
%subfunction(2) to calculate a variance
  function b=b_variance(x)
      global N
      avg=a_mean(x);
      b=sum((x-avg).^2)/(N-1);

%subfunction(3) to calculate a standard deviation
   function c=c_stdeviation(x)
       global N
       var=b_variance(x);
       c=sqrt(var);
```

위의 예제와 같이 여러 보조함수에서 같은 값으로 사용되는 변수나 입력상수(여기서는 N)는 전역변수로 선언하여 사용하는 것이 효율적이다. 즉, 전역 변수 N은 임의의 값을 할당받기 이전에 global N으로 선언되어 있으며, N을 사용하는 함수들은 모두 global N을 선언하면 입력변수로 직접 받지 않아도 그 값을 사용할 수 있다. 전역변수를 사용할 때는 정의된 함수 바로 아래에서 선언해 주는 것이 좋다. 또한, MATLAB 프로그래밍에서 함수의 이름과 변수의 이름은 대소문자를 구별한다는 것은 이미 알고 있을 것이다. 따라서 지역변수를 포함한 일반적인 변수는 소문자를 사용하여 선언하고, 전역변수의 경우 대문자로 선언하면 구별하는데 편리하다. 여러 개의 전역변수를 사용하는 경우 띄어쓰기로 각각의 전역변수를 구분해 준다.

```
global  Gvar1 Gvar2 N M K
```

다음으로 MATLAB에서 유용하게 사용할 수 있는 지속변수(persistent variable)에 대해 알아보자. 지속변수란 함수 파일에서만 선언하고 사용할 수 있으며, 변수들이 선언된 함수 파일에서만 접근할 수 있다. 지속변수의 가장 큰 특징은 함수 파일이 종료될 때 메모리에서 변수들을 제거(>> clear)하지 않고, 다음 함수 파일에서 사용할 수 있도록 유지해 준다. MATLAB은 처음 임의의 지속변수를 선언할 때, 행렬로 그 값을 초기화하며, 지속변수로 선언 후에 그 변수에 값을 할당한다. 지속변수를 정의하는 함수를 제거(>> clear 함수명 또는 clear all)하면 지속변수들은 모두 초기화된다. 다음 두 예제를 통해 살펴보자.

예제 8.8.2-2

지속변수를 사용하지 않는 경우와 사용하는 경우를 비교하시오.

```
% Ex 8.8.2-2A
% Persistent variables
%

function z=c88ex202a()
for n=1:3
      tmp=subfun;
end
z=tmp;

%subfunction
   function y=subfun()
         x=0;
         x=x+2;
         y=x;
```

위 파일의 실행결과는 다음과 같다.

```
>> c88ex202a()
ans =
      1
```

즉, subfun( )을 호출할 때마다 x의 값이 초기화(clear)되기 때문에 z의 값은 2가 된다. 하지만 다음과 같이 x를 지속변수로 선언하고 사용해 보자.

```
% Ex 8.8.2-2B
% w/ Persistent variables
```

```
%

function  z=  c88ex202b()
for  n=1:3
      n;
      tmp=subfun;
end
z=tmp;

%subfunction
   function  y=subfun()
    persistent  X
    if  isempty(X)
          X=0;
    end
        X=X+2;
        y=X;
```

아래 결과와 같이 subfun( )을 실행할 때마다 지속변수 X의 값은 이전 할당 값을 계속해서 유지하고 있다. 즉, MATLAB의 지속변수(persistent)는 C나 C++에서 지역변수에 static을 붙인 것과 같은 효과를 발휘한다. 전역변수와 마찬가지로 대문자를 사용하여 선언하는 것이 구분하는데 편리할 수 있으며, 해당 함수 파일이 초기화(>> clear)되지 않는 한 마지막 할당 값을 유지하고 있음을 명심해야 한다. 지속변수는 명확한 이해를 바탕으로 사용해야지 그렇지 않으면 의도하지 않은 결과를 초래할 수 있다.

```
>> c88ex202b()
ans =
     6
>> c88ex202b()
ans =
    12
>> c88ex202b()
ans =
```

```
        18

>> clear all

>> c88ex202b()
ans =
        6
```

8.8.3 내장함수를 이용한 함수 파일의 인수 제어

MATLAB에는 함수 파일에서 몇 개의 입출력 인수(argument)가 사용되는지를 알 수 있는 nargin( )과 nargout( ), 그리고 인수의 개수를 임으로 설정하도록 하는 varargin( )과 varargout( )이라는 내장함수들이 있으며, 아래와 같이 선언하여 사용한다.

```
nargin
nargin(fun)
nargout
nargout(fun)
```

```
function return_value = function_name(varargin)

function varargout = function_name(n)
```

이들 내장함수를 잘 이용하면 별도의 지정 없이도 함수 파일의 입출력 인수를 효과적으로 제어할 수 있다. 다음 예제를 통해 사용법을 익혀보자.

예제 8.8.3-1

nargin()과 nargout()를 사용하여 함수 파일의 입출력 매개변수 제어해 보시오.

```
% Ex 8.8.3-1
% nargin & nargout
% x=[-pi:0.1:pi];
% y=sin(x);

function [x0, y0] = c88ex301(x,y,arg1, arg2, arg3)
% The first two input arguments are required
% The others are default values.
...
if nargin < 5, arg3 = 20; end
if nargin < 4, arg2 = 10; end
if nargin < 3, arg1 = 2; end
...

if nargout == 0
       plot(x, y)
       set(gca,'XTick',-pi:pi/arg1:pi)
       set(gca,'XTickLabel',{'-pi','-pi/2','0','pi/2','pi'})
       grid on
else
     x0 = x;
     y0 = y;
end
```

위 함수 파일의 입력 인수는 x, y, arg1, arg2, arg3로 5개가 있다. 여기서 x, y는 필수로 사용자가 입력해야 하는 인수이며, 나머지 세 개는 특별히 입력하지 않는 경우 임의의 값으로 사용되도록 지정되어 있다. 다음과 같이 x, y를 지정하고 함수 파일을 실행해 보자.

```
>> x=[-pi:0.1:pi];
>> y=sin(x);
>> c88ex301(x,y)
```

여기서 nargin은 입력 인수의 수(number of argument inputs)인 5를 그 값으로 가진다.

또한, nargout은 출력 인수의 수를 의미한다. 즉, 출력하고자 하는 인수의 수를 아래와 같이 지정하는 상황에 해당한다.

```
>> [x, y]=c88ex301(x,y)
```

앞에서 살펴본 함수 파일들은 고정된 수의 입출력 인수들을 포함하고 있었다. 그러나 함수 파일의 입출력 인수의 수는 임의의 개수일 수 있으며 함수 파일을 이용할 때마다 매번 변할 가능성이 있다. 이때 varargin과 varargout을 이용하면 가변적인 입출력 인수의 수를 저장할 수 있다. 인수들의 형태가 다를 수 varargin과 varargout은 배열의 형태를 취한다.

예제 8.8.3-2

varargin을 사용하여 함수 파일의 입력 매개변수를 제어하시오.

```
% Ex 8.8.3-2
% varargin

function c88ex302(arg1, arg2, varargin)

varargin
optargin = size(varargin,2)
stdargin = nargin - optargin

fprintf('Number of input arguments = %d\n', nargin)

fprintf('Inputs from individual arguments(%d):\n', ...
          stdargin)
if stdargin >= 1
     fprintf('        %d\n', arg1)
end
if stdargin == 2
```

```
    fprintf('        %d\n', arg2)
end

fprintf('Inputs packaged in varargin(%d):\n', optargin)
 for k= 1 : size(varargin,2)
     fprintf('        %d\n', varargin{k})
 end
```

위 함수 파일을 아래와 같이 실행해 보자. 여기서 입력 인수 값 1과 2는 arg1과 arg2로 입력되며, 나머지 입력 인수 값은 모두 varargin에 할당된다. 함수 파일 내부에서 선언된 optargin = 5 − 2 = 3으로 stdargin = 5 − 3 = 2로 반환된다. 주의해야 할 점은 varargin은 함수 파일 내부에서만 사용되며, 제일 마지막에 선언되어야 한다.

```
>> c88ex302 (1,2,3,4,5)
varargin =
    [3]    [4]    [5]
optargin =
     3
stdargin =
     2
Number of input arguments = 5
Inputs from individual arguments(2):
     1
     2
Inputs packaged in varargin(3):
     3
     4
     5
```

예제 8.8.3-3

varargout을 사용하여 입력 인수가 스칼라, 벡터 또는 행렬인지를 출력하는 함수 파일을 작성하시오.

```
% Ex 8.8.3-3
% varargout

function [array_type,varargout] = c88ex303(x)

[r c]=size(x);
if r==1 & c==1
     array_type='Scarlar'
elseif r==1 || c==1
     array_type='Vector'
     varargout{1}=length(x);
else
     array_type='Matrix'
     varargout{1}=r;
     varargout{2}=c;
end
end
```

위 함수 파일을 아래와 같이 실행해 보자. 여기서 출력인수 varargout은 셀 배열임을 명심하기 바란다.

```
>> c88ex303(5)
ans =
Scarlar

>> [type, row, column]=caex8303(magic(3))
type =
Matrix
row =
     3
column =
     3
```

8.8.4 익명함수(anonymous functions)

MATLAB의 익명함수(anonymous functions)란 일반적인 함수 파일과는 달리 몇 줄의 표현으로 간단하게 정의하여 사용할 수 있는 함수이다. 익명함수를 잘 이용하면 프로그램 과정에서 필요한 함수 파일 수를 줄일 수 있어 프로그램을 단순화시킬 수 있다. 익명함수의 구문은 다음과 같으며, 이는 명령 창이나 스크립트 파일로도 생성할 수 있다.

```
>> function_handle = @(argument)  simple_function
```

위 구문은 "입력되는 변수(argument)에 대한 간단한 함수(simple_function)를 지정된 이름(function_handle)으로 조작하겠다"라는 의미이다. 예를 들어, 임의 수에 대한 세제곱 값을 계산하는 경우를 생각해 보자.

$$f(x)= x^3$$

```
>> fcube=@(x)  (x^3);
```

위와 같이 fcube라는 이름을 가진 익명함수를 정의하고 x=2인 경우에 대해 실행시키면 다음과 같다.

```
>> fcube(2)
ans =
     8
```

또 다른 예로, 각도 단위의 입력 값을 라디안(rdian) 단위로 바꿔 사인(sine) 값을 구하는 경우를 생각해 보자.

$$f(x)= \sin(x^{\circ})$$

```
>> fsind=@(x) (sin(x*pi/180));
>> fsind(30)
ans =
     0.5000
```

이제 익명함수에 대해 어느 정도 이해가 되었을 것이다. 물론 MATLAB은 sind( )라는 내장함수를 이미 가지고 있다. 이와 비교하면 익명함수의 정의와 기능을 쉽게 이해할 수 있을 것이다.

```
>> sind(30)
ans =
     0.5000
```

예제 8.8.4-1

밑변과 높이를 입력받아 삼각형의 면적을 계산하는 익명함수를 작성하시오.

```
ftriangle_area = @ (x,h) (x*h/2)

>> ftriangle_area(4, 2)

ans =

     4
```

위 예제와 같이 익명함수의 입력 인수는 앞서 살펴본 함수 파일의 입출력 인수의 사용법과 같다. 명령 창에서 정의된 익명함수는 메모리가 clear 되거나 MATLAB이 종료되면 자동으로 소멸한다. 따라서 계속해서 사용하고자 하는 익명함수들을 모아 자신만의 익명함수 스크립트 파일로 만들어 놓고 필요할 때마다 사용할 수 있다.

예제 8.8.4-2

반지름을 입력받아 원의 면적을 계산하거나, 밑변과 높이를 입력받아 삼각형의 면적을 계산하는 두 개의 익명함수를 스크립트 파일로 작성하여 실행하시오.

```
% Ex 8.8.4-2
% Anonymous Functions

clear; clc;

% Cube
fcube=@(x)(x^3);

% Sine in degree
fsind=@(x) (sin(x*pi/180));

% Area of a triangle
ft_area=@(x,h) (x*h/2);

% Area of a circle
fc_area=@(r) (pi*r^2);
```

```
>> ft_area(4,2)
ans =
     4
>> fc_area(2)
ans =
    12.5664
```

연습문제

문제 8.8.1 명령 창에서 상수 a, b, c 값을 입력받아 2차 방정식의 근을 구하는 함수 파일을 작성하시오.

$$f(x) = ax^2 + bx + c$$

문제 8.8.2 위 문제의 2차 함수에 대한 임의의 상수 a, b, c 값을 입력받아 x=[−10:10] 구간의 그래프를 그리고, 함수의 최솟값을 구하여 표시하시오.

문제 8.8.3 반경이 r인 원 내부 변의 수가 n개인 다각형의 면적(A)과 둘레(P)는 다음과 같다. r값을 필수 입력 인수로 하고, 하나의 인수만 입력되는 경우 n값은 3부터 6까지의 정수로 지정하여 계산하는 함수 파일을 작성하시오.

$$A = \frac{nr^2 \sin\left(\frac{\pi}{n}\right)}{2} \qquad P = 2\pi r \sin\left(\frac{\pi}{n}\right)$$

문제 8.8.4 nargin과 nargout을 이용하여 가변적인 입출력 인수를 제어하는 함수 파일을 사용하여, 가로와 세로 값이 입력되면 사각형의 면적을, 가로, 세로, 높이 값이 입력되면 육면체의 체적을 구하시오.

문제 8.8.5 다음과 같이 정의되는 cosh(x) 값을 계산하는 익명함수를 작성하시오.

$$\cosh(x) = \frac{e^{x} + e^{-x}}{2}$$

문제 8.8.6 다음과 같은 함수 관계식을 계산하는 익명함수를 작성하고 z(2)의 값을 계산하시오.

$$f(x) = x^2$$
$$g(x) = \pi f(x)$$
$$h(x) = e^{g(x)}$$

$$z(x) = h(g(f(x)))$$

찾아보기

ㅇ

ㅈ

ㅊ

ㅌ

ㅍ

ㅎ